Ars **Natura**

Meisterwerke großer Naturforscher
von Merian bis Haeckel

B
A
D
D
C
A
H
I
I

JUDITH MAGEE

Ars Natura

Meisterwerke großer Naturforscher von Merian bis Haeckel

Aus dem Englischen von

Gisella M. Vorderobermeier

THEISS

Die englische Originalausgabe erschien unter dem Titel *Art of Nature. Three Centuries of Natural History Art from Around the World*.

Diese Ausgabe erscheint gemäß der Vereinbarung mit dem Natural History Museum in deutscher Erstübersetzung bei der Wissenschaftlichen Buchgesellschaft, Darmstadt.

Die Deutsche Nationalbibliothek verzeichnet diese Publikation in der Deutschen Nationalbibliografie; detaillierte bibliografische Daten sind im Internet über http://dnb.d-nb.de abrufbar.

Der Theiss Verlag ist ein Imprint der WBG.

Die Herausgabe des Werkes wurde durch die Vereinsmitglieder der WBG ermöglicht.
Satz: Textbüro Vorderobermeier, München
Gedruckt auf säurefreiem und alterungsbeständigem Papier
Printed in Germany

Besuchen Sie uns im Internet: www.wbg-wissenverbindet.de

ISBN 978-3-8062-3613-7
Elektronisch sind folgende Ausgaben erhältlich:
eBook (PDF): ISBN 978-3-8062-3619-4
eBook (epub): ISBN 978-3-8062-3620-0

SEITE 1 KONRAD GESNER
Historiae Animalium, 1551
Kupferstich
380 x 240 mm

SEITEN 2 & 3 ROBERT HOOKE
Micrographia, 1665
Kupferstich
300 x 194 mm

RECHTS ULISSE ALDROVANDI
Reh, *Capreolus capredus*
Kupferstich, 1642
340 x 235 mm

INHALT

EINLEITUNG:
Vorstellungen von der Welt der Natur

VON ALLEN WISSENSCHAFTEN eignet sich die Naturkunde am besten für die bildliche Darstellung. Können Worte abstrakt oder mehrdeutig sein, missverstanden oder falsch übersetzt werden, so gibt ein gekonnt und genau gezeichnetes Bild eine Realität wieder, mit der ein jeder und eine jede etwas anfangen kann. „Wo genaue Schaubilder geboten werden", konstatierte der britische Naturforscher George Edwards 1758, „kann man sich viel Mühe mit verbalen Beschreibungen ersparen".[1] Doch obwohl Naturkunde-Illustratoren danach streben, ihre „Exemplare" so lebenstreu wie möglich wiederzugeben, bleibt ihre Darstellung selektiv. Ein Variieren der Größenordnung, eine Manipulation des Gegenstands der Gesamtgestaltung zuliebe, seine Anordnung mit Tieren und Pflanzen, mit denen er in keiner naturgegebenen Verbindung steht, schließlich die Projektion eigener Vorannahmen über Flora, Fauna, Landschaft und Menschen anderer Landstriche beeinflussen naturkundliche Kunst unweigerlich.

Von den frühesten Zivilisationen an wurden Pflanzen und Tiere mit Blick auf mögliche Nutzanwendungen, etwa wirtschaftliche Verwertbarkeit oder Heileigenschaften, porträtiert. Vom ersten illustrierten Heilpflanzen-Katalog, *De Materia Medica* von Dioscorides aus dem 1. Jh., bis hinein ins späte 14. Jh. änderte sich an der Pflanzen- und Tierdarstellung sehr wenig. Holzschnitte in Handbüchern und Herbarien wurden im Laufe der Jahrhunderte vielfach kopiert, wobei Kontur- und Genauigkeitsverluste dazu führten, dass daraus nicht viel mehr als stilisierte Dekorelemente wurden. Mit zunehmender Popularität des Kupferstichs ging der Gebrauch des Holzschnitts zurück, die Wiedergabe wurde präziser. Als dann Künstler wie Albrecht Dürer und Leonardo da Vinci in Erscheinung traten, Naturforscher wie Otto Brunfels und Leonhard Fuchs (Botanik) sowie Konrad Gesner und Ulisse Aldrovandi (Zoologie), wurde die Natur immer realistischer dargestellt. Einzelne lebende Pflanzen oder Tiere wurden direkt beobachtet und ihr Erscheinungsbild auf Papier oder Pergament gebannt.

Die wissenschaftliche Revolution im Europa des 17. Jhs. ebnete in ungekanntem Ausmaß den Weg für Erkundungsreisen rund um die Welt. Männer und Frauen stellten sich der Herausforderung, in neue Länder aufzubrechen, um bizarre und wundersame Pflanzen und Tiere zu entdecken. Die daraus resultierenden Kunstwerke bezeugen, wie Europäer sich zu erklären suchten, was ihnen hier erstmals begegnete. Sie waren bestrebt, das Ungewöhnliche und Exotische, das Seltene und Dramatische einem breiteren Publikum bekannt zu machen, nicht nur dem üblichen Kreis von Philosophen, Ärzten und Kräuterkundigen. Erstmals gab es Künstler, die ihr Leben der Naturdarstellung widmeten.

Als die Erkundung der Meere Europa neue Weltteile eröffnete, etablierten Niederländer, Briten und Spanier bald ein weltweites Handelssystem. Traditionelle Landwege wurden durch transozeanische Handelsrouten und durch Schiffe ersetzt, die größere Frachtmengen in weit kürzerer Zeit transportieren konnten. Damit einher gingen eine Ausdehnung des Handels und die Anfänge der Industrialisierung und der Errichtung moderner Imperien. Rationalismus trat an die Stelle von Aber- und Offenbarungsglaube. Die europäische Expansion stimulierte die Neugier auf die Naturerzeugnisse dieser bisher unerforschten Länder und die wissenschaftliche Erforschung wurde zu einem wichtigen Bestandteil dieser Expansion. Die Interessen von Handelsgesellschaften und Regierungen fielen oft mit jenen von Wissenschaftlern und Naturforschern zusammen. Die europäischen Großmächte waren Seefahrernationen und auf Holz zum Schiffbau sowie auf Heil- und Nahrungspflanzen, die womöglich auch außerhalb des Gebiets ihres natürlichen Vorkommens angebaut werden konnten, angewiesen. Ein Exemplar davon oder eine Zeichnung waren oft der Schlüssel zur erfolgreichen Bestimmung dieser Pflanzen. Naturkundliche Kunst erfüllte also nicht nur eine taxonomische Funktion für den Wissenschaftler, sondern lieferte auch Informationen für Entscheidungsträger in Handel und Regierung. Die ersten wichtigen Expeditionen zur Entdeckung der exotischen Pflanzen des amerikanischen Kontinents, Indiens und Afrikas wurden von Personen in Diensten des spanischen oder portugiesischen Imperiums unternommen. Ihr Zweck bestand darin, medizinisch nützliche Pflanzen zu finden, ihr Vorkommen aufzuzeichnen und von den Einheimischen möglichst viel an Information zu ihren mutmaßlichen Vorzügen zu erhalten. Männer wie Garcia de Orta (Indien) und Francisco Hernández (Mexiko) gehörten zu den ersten Europäern, die Flora und Fauna dieser Weltteile genau beschrieben. Und diese Männer der Wissenschaft wurden von Künstlern begleitet, welche die Pflanzen und Tiere von Interesse zeichnen sollten.

Der große Aufschwung der Naturgeschichtsillustration setzte jedoch im späten 17. Jh. mit Künstlerinnen wie Maria Sibylla Merian ein und gelangte im 18. Jh. mit gefeierten botanisch ausgerichteten Künstlern wie Georg Ehret oder

ULISSE ALDROVANDI
Harpyie
Kupferstich, 1642
340 x 235 mm

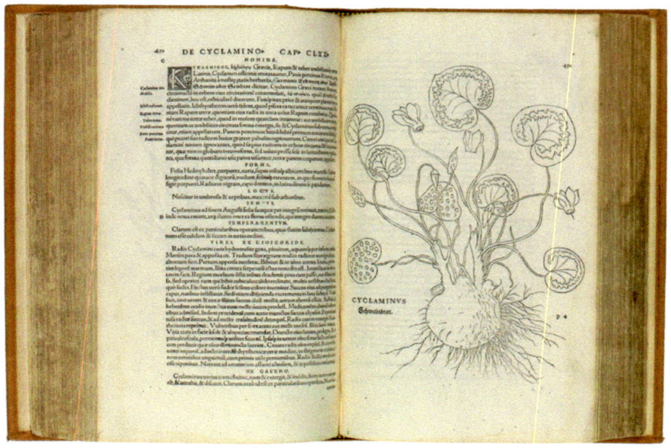
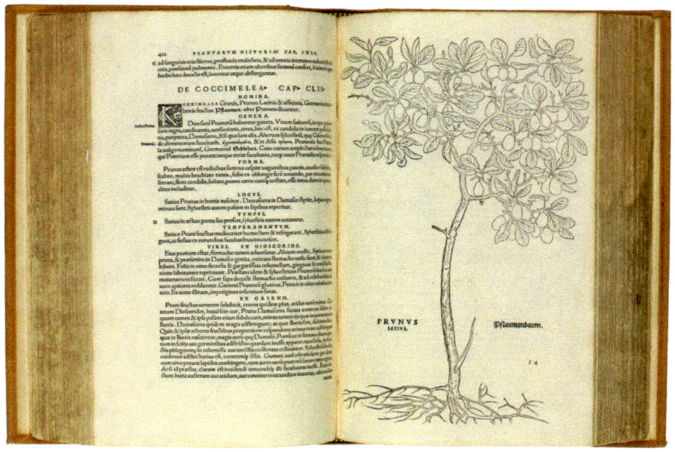

OBEN Fuchs' *De Historia Stirpium Commentarii Insignes* war eines der ersten Bücher, das Illustrationen enthielt, welche auf die unmittelbare Beobachtung lebender Pflanzen zurückgingen. Sie etablierten einen neuen Maßstab für die Bebilderung von Herbarien und naturgeschichtlichen Werken. Die Originalzeichnungen wurden von dem Künstler Albrecht Meyer angefertigt.

LEONHARD FUCHS
De Historia Stirpium Commentarii Insignes, 1542
Kupferstich,
370 x 233 mm

Franz und Ferdinand Bauer sowie den unerschrockenen reisenden Künstlern der Entdeckungsfahrten erneut zur Blüte. Er setzte sich bis zur Mitte des 19. Jhs. fort, wo er durch Künstler wie John James Audubon, Walter Hood Fitch und John Gould repräsentiert wird, Meister in Technik und Ausführung. Als die naturkundliche Kunst an Bedeutung für die Wissenschaft gewann, wurde Detailgenauigkeit immer wichtiger. Hilfreiche Handreichungen mit Zeichenanleitungen und erste Handbücher mit Farbnomenklaturen wurden publiziert.

Für viele Reisende waren die Erfahrungen, die sie machten, die Verwirklichung ihrer Träume und ihre Erzählungen sind „vom Stoff, aus dem die Träume sind" (William Shakespeare, *Der Sturm*). Sie enthalten alle Ingredienzien einer faszinierenden Geschichte: Abenteuer, Intrige, Obsession, Leidenschaft, Gefahr, Tragödie, Spannung, Freude und Enttäuschung. Diese Feldforscher waren ausgezeichnete Beobachter und oft vorzügliche Künstler. Manche sahen auf jene Gelehrten herab, die sich, abgeschnitten von der Außenwelt, in ihren Studierzimmern gewissenhaft durch Systematiken arbeiteten. Der amerikanische Ornithologe Alexander Wilson etwa hatte keine Zeit für den Naturforscher im stillen Kämmerchen und nahm für sich in Anspruch, er habe sich tausendmal von „den öden und muffigen Aufzeichnungen" der systematischen Autoren ab- und mit einem „Entzücken, das an Anbetung grenzt, dem großartigen Fundus der Wälder und Felder" zugewandt.[2] Die reisenden Naturforscher und Künstler wurden in der öffentlichen Wahrnehmung zu Helden und das Bild der Naturwissenschaft war im 18. und 19. Jh. zu einem großen Teil durch das Reisen bestimmt.

Was motivierte diese Künstler, Sammler und Reisenden dazu, auf der Suche nach dem Unbekannten ihr Leben und ihre künftige Existenzgrundlage zu riskieren? Erwartungen und Bestrebungen waren unterschiedlich: wissenschaftlicher oder künstlerischer Ruhm, finanzielle Gewinne oder

zumindest die Aussicht, seinen Lebensunterhalt mit dem zu verdienen, was man liebte. Auch konnte man seine Sicht der Natur einer größeren Allgemeinheit vorstellen. Der amerikanische Naturforscher William Bartram, der den Südosten Nordamerikas bereiste, verwirklichte damit nicht nur seine eigenen Träume, sondern auch die seines Vaters, der jahrelang den Wunsch gehegt hatte, den Mississippi zu sehen, „den Urvater von ihnen allen".[3] Wie immer die Motive aussahen, wenige hätten Alexander von Humboldt widersprochen, wenn er sagte: „Ein unbestimmtes Streben nach dem Fernen und Ungewissen, alles, was meine Phantasie stark rührte, die Gefahr des Meeres, der Wunsch, Abenteuer zu bestehen und aus seiner [des Lebens] alltäglichen gemeinen Natur mich in eine Wunderwelt zu versetzen, reizte mich damals an."[4] Joseph Hooker, der spätere Direktor der Royal Botanic Gardens in Kew, wählte Indien und den Himalaya als Reiseziel, weil das Land ein „Mysterium" darstelle, „gleichermaßen anziehend für den Reisenden wie den Naturforscher".[5] Und nahezu ausnahmslos arbeiteten die Wissenschaftler, Künstler, Philosophen oder Träumer, die im späten 18. und frühen 19. Jh. ihre Reisen unternahmen, auf eine spätere Publikation hin.

Die meisten Künstler wären zu ihren Reisen freilich ohne irgendeine Form der finanziellen Unterstützung – offizielles Gehalt, Förderung, Aufträge oder schlicht Reisekostenzuschüsse – nicht in der Lage gewesen. Sie kam von einer großen Bandbreite an Einzelpersonen, Organisationen und Institutionen. Überraschend wenige Naturforscher und gar noch weniger Künstler wurden direkt vom Staat finanziert, auch wenn die spanische und die französische Regierung bereitwilliger Geld in Entdeckungen investierten als die britische. Von der Regierung bezahlte Künstler begleiteten Louis de Bougainvilles Weltumsegelung und Nicolas Baudins Expedition nach Australien ebenso wie die spanischen Expeditionen nach Südamerika und Mexiko. In Großbritannien waren von der Regierung

OBEN Hans Weiditz produzierte die Holzschnitte für Brunfels' botanische Werke (links). Er war einer der ersten Illustratoren, die direkt nach der Natur zeichneten. Francisco Hernández (rechts) nahm, auf der Suche nach nützlichen Pflanzen, an der ersten wissenschaftlichen Expedition in die Neue Welt (1571) teil.

OTTO BRUNFELS
Cannabis sativa
Herbarum Vivae Eicones, 1536
Holzschnitt
311 x 190 mm

FRANCISCO HERNÁNDEZ
Rerum Medicarum Novæ Hispaniæ Thesaurus, 1651
Kupferstich
330 x 220 mm

RECHTS Franz Bauer produzierte während seiner Anstellung als erster Botanikmaler der Royal Botanic Gardens in Kew ein umfassendes Gesamtwerk. Eines seiner Spezialgebiete war das Zeichnen der pflanzlichen Anatomie anhand seiner Beobachtungen durch ein Mikroskop. Seine Erforschung von Pollen begann er bereits 1794 und er gilt als der erste Künstler, der das Auskeimen von Pollenkörnern genau nachgezeichnet hat.

FRANZ BAUER
Lilien-Pollenkorn, *Lilium lancifolium*
Aquarell, ca. 1800
240 x 160 mm

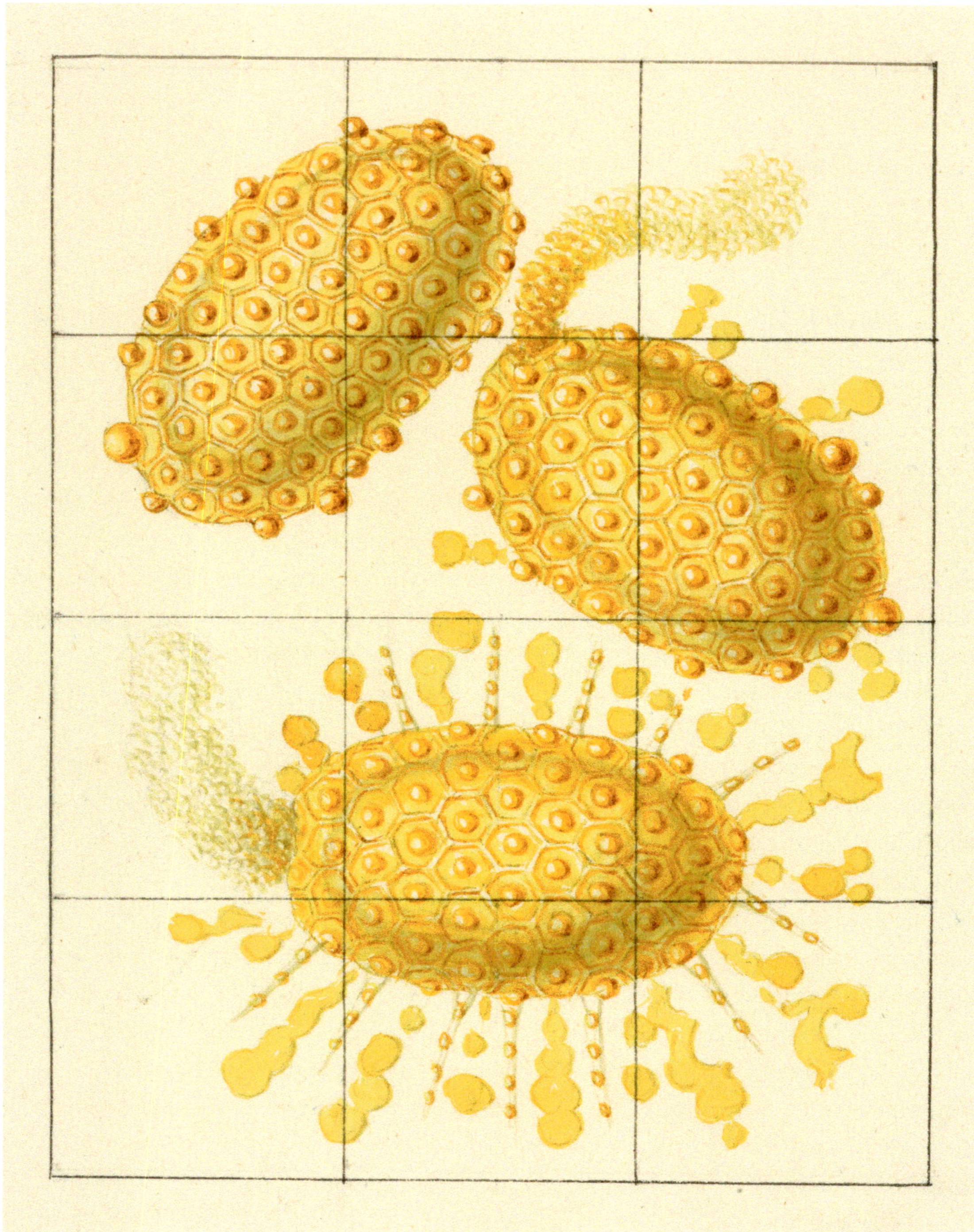

organisierte Reisen und Expeditionen stark auf finanzielle Förderung seitens Dritter angewiesen, um die Kosten für die Künstler zu decken. Vermögenden Patronen und einflussreichen Männern wie Sir Joseph Banks und Institutionen wie der Royal Society war es bis Ende des 18. Jhs. gelungen, die britische Regierung von der Wichtigkeit des naturkundlichen Elements zu überzeugen, aber meist mussten sie für die Kosten aufkommen. Für James Cooks zweite Reise etwa erkannte die Admiralität den Vorteil von geeigneten Künstlern und Naturforschern an Bord. Aber diese Ansicht setzte sich nicht immer durch und bei berühmten Seereisen wie derjenigen der First Fleet befand sich auf keinem der elf Schiffe ein offizieller Naturforscher oder Künstler.

So gab es Künstler, die, um an einer Expedition teilnehmen zu können, vom Staat oder eng damit verbundenen Institutionen wie Royal Society oder Académie des Sciences abhängig waren. Mit Beginn des 19. Jhs. stattete auch die Royal Geographical Society viele Künstler und Naturforscher, darunter Robert Schomburgk und Thomas Baines, finanziell aus. Andere stellten fest, dass sie ihrem Interesse als Bedienstete einer Handelsorganisation wie der Niederländischen oder Britischen Ostindienkompanie nachgehen konnten, oder, wie im Falle von William Bartram, mithilfe der Förderung durch eine wohlhabende Einzelperson. Schließlich gab es jene ohne Unterstützung von außen, die entweder, wie Alexander von Humboldt, vermögend genug waren, um ihre Abenteuer selbst zu finanzieren, oder dies mit dem Verkauf gesammelter Exemplare tun mussten, wie Alfred Russel Wallace, oder aber, wie Alexander Wilson, auf den Verkauf ihrer publizierten Kunstwerke angewiesen waren.

Zu taxonomischen Zwecken war und ist naturkundliche Kunst ein wichtiges Instrument. Ist ein Gegenstand einmal klassifiziert, kann dessen Darstellung von anderen studiert werden und erlaubt es diesen, Pflanzen oder Tiere quasi auf einen Blick zu erfassen, ohne Stunden über Beschreibungen in Textform zubringen zu müssen. Dies war v.a. für Angehörige des Arztberufs bei Reisen in fremde Länder nützlich. Das Erkennen und die Auswahl der richtigen Pflanze konnten den entscheidenden Unterschied dabei ausmachen, sich und andere entweder zu heilen oder zu vergiften. Botanische Illustrationen sollen verschiedene Entwicklungsstadien zeigen: Knospe, Blüte und Frucht. Sie umfassen mitunter auch zergliederte Pflanzenteile, zeigen also – oft vergrößert – die innere Struktur. Diese Methode war unmittelbar durch die Arbeit von Carl von Linné Mitte des 18. Jhs. mit Einführung seines auf den Sexualmerkmalen von Pflanzen beruhenden Klassifikationssystems beeinflusst.

Die Darstellung von Tieren kann als Kunstform mehr an Herausforderungen bergen. Soll sie dem Wissenschaftler einen echten Dienst erweisen, muss sie morphologisch wirklichkeitsgetreu und anatomisch exakt sein. In Europa verbleibende Künstler waren oft auf ihre Vorstellungsgabe angewiesen – die einzigen ihnen zur Verfügung stehenden Exemplare waren geschundene Tierkadaver. Bei Arten mit verschiedenen Entwicklungsstadien wird oft der gesamte Lebenszyklus dargestellt.

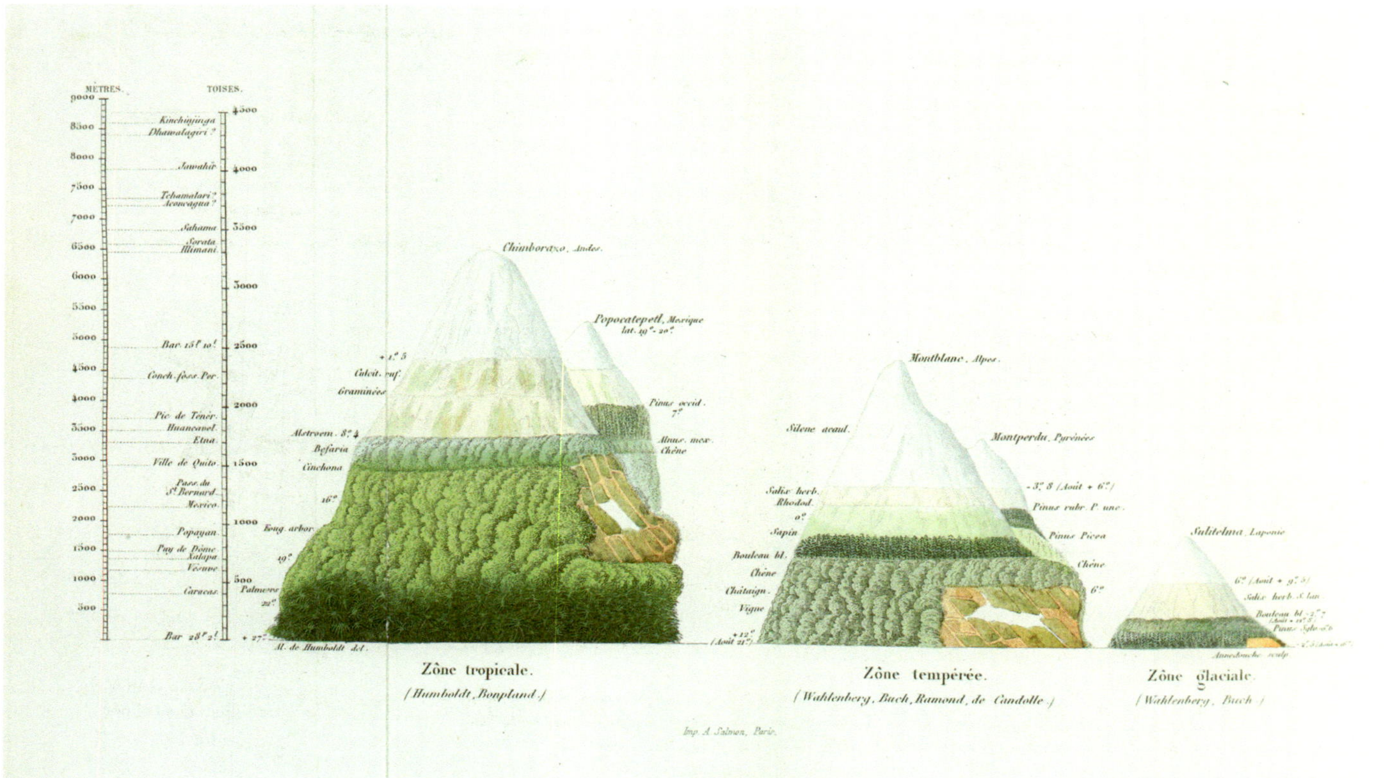

OBEN Humboldts Arbeiten zur Pflanzengeographie zeigten, wie wichtig es ist, bei der Bestimmung der Gesetze, die die Verteilung von Pflanzen bestimmen, physikalische Phänomene und Messungen rund um die Welt zu korrelieren.

ALEXANDER V. HUMBOLDT
Tableaux de la Nature, 1865
Kolorierter Kupferstich
215 x 268 mm

Mit der Entwicklung komplexer Theorien über die natürliche Welt wandelte sich auch die Rolle naturkundlicher Kunst. In der Mitte des 19. Jhs. angelangt, waren die Theorien von Darwin und Wallace zur natürlichen Auslese fast unmöglich zu illustrieren. Für andere neue Ideen wurden erläuternde Diagramme verwendet. Alexander von Humboldt verstand es meisterhaft, sein System der Pflanzengeographie mit Hilfe solcher Diagramme zu illustrieren. Auch technologischer Fortschritt führte zu neuen Sichtweisen. Jahrhundertelang halfen Instrumente, Bilder einzufangen, die für das bloße Auge nicht erkennbar gewesen wären. Wunderbare Beispiele sind Hookes Darstellung der Ameise und Franz Bauers Zeichnungen von Pollen sowie der Samenkeimung, die alle mithilfe eines Mikroskops angefertigt sind. In der zweiten Hälfte des 19. Jhs. dann versetzte das Mikroskop Künstler wie Ernst Haeckel gar in die Lage, die Struktur wunderbarer Meeresorganismen abzubilden.

Viele bedeutende Sammlungen naturgeschichtlicher Kunst aus dem 18. und 19. Jh. sind im Besitz über ganz Europa verstreuter herausragender Bildungs- und Kulturinstitutionen. Aufgebaut durch vermögende Einzelpersonen, mächtige Handelsgesellschaften und verschiedene Regierungs-

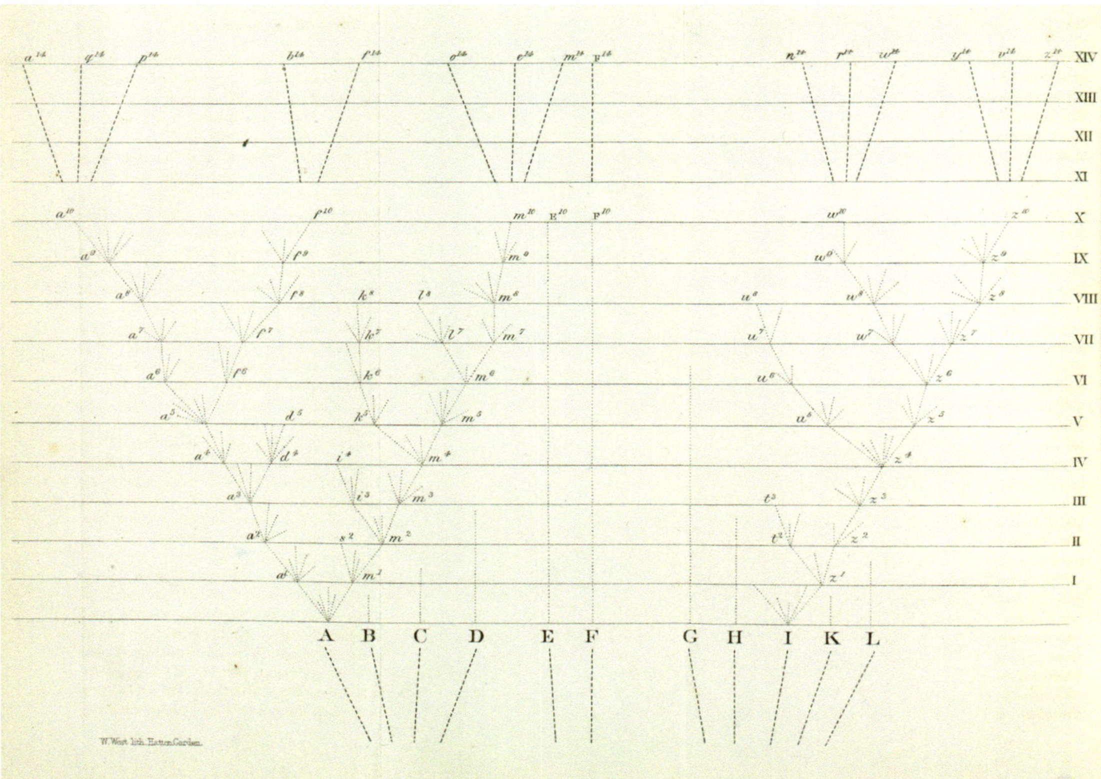

LINKS Dies ist die einzige Illustration in Darwins Buch *Über die Entstehung der Arten* (im Original erschienen 1859). Man kennt das Diagramm auch unter der Bezeichnung phylogenetischer Baum. Es war ein Versuch Darwins, die Beziehungen zwischen Gruppen von Organismen bildlich darzustellen und zu zeigen, dass verschiedene Lebensformen gemeinsame Vorfahren aufweisen.

CHARLES DARWIN
Baum des Lebens
On the Origin of Species, 1859
Kupferstich
197 x 245 mm

behörden, repräsentieren sie die Naturgeschichte weltweit. Die Bedeutung vieler Exponate wird noch verstärkt durch ihre Verbindung mit Ereignissen, die zu den bedeutsamsten und folgenreichsten in der Geschichte der Naturwissenschaft zählen: berühmte Forschungsexpeditionen, individuelle Großtaten an Mut und Durchhaltevermögen, die Synthese von Ideen, so dass diese in ein Verständnis von Ursprung und Vielfalt aller lebenden Arten münden.

Dieses Buch behandelt naturkundliche Darstellungen und bewegt sich dabei von Kontinent zu Kontinent. Jeder hat seine je eigene Geschichte der Sammler und Künstler, Spiegelbild der unterschiedlichen Beziehungen zwischen Land und Kolonisator oder Besucher und oft symptomatisch für die Ansichten der Europäer über diese fremden Länder und deren Bewohner. Ihre Vorstellungen von der Zukunft dieser Weltgegenden und davon, wie diese zu verstehen seien, trugen allesamt zu den unterschiedlichen Interpretationen der Künstler und Naturforscher bei. So ist diese Kunst in hohem Maße Ausdruck einer europäischen Sicht auf die Welt der Natur und verrät uns ebenso viel über europäische Kulturgeschichte wie über die in ihr zur Darstellung gelangende Naturgeschichte.

Amerika

HERNÁNDEZ **WHITE** MERIAN **CATESBY** BARTRAM **YOUNG** ABBOT **WILSON**

AUDUBON **HUMBOLDT** FORSTER **PARKINSON** WALLACE **BATES** SCHOMBURGK

AMERIKA:

Entdeckung und Verzeichnung der Neuen Welt

DIE EUROPÄISCHE PRÄSENZ AUF DEM AMERIKANISCHEN KONTINENT begann im 15. Jh. mit der Herausbildung der spanischen und portugiesischen Imperien. Frankreich und England etablierten sich bis zum späten 16. Jh. in Teilen Nordamerikas, und im frühen 18. Jh. angekommen, besaßen fünf weitere europäische Länder Gebiete in der Neuen Welt. Der Einfluss der europäischen Kolonisation auf Amerika war enorm, er veränderte Landschaft, Bevölkerung, Flora und Fauna. Im letzten Viertel des 18. Jhs. wurde die Kolonialherrschaft zunehmend herausgefordert, mit der ersten erfolgreichen Revolution 1776 in den britischen Kolonien. Anfang des 19. Jhs. gärte der Nationalismus in den Regionen des spanischen Kolonialreichs immer mehr, was bis 1825 zur Schaffung von über einem Dutzend Nationalstaaten führte. Die Lösung von der europäischen Vorherrschaft hatte im Bereich der Naturkunde weitreichende Folgen. Die neuen Vereinigten Staaten von Amerika suchten sich in verschiedenen Bereichen des öffentlichen Lebens als unabhängige Entität durchzusetzen. In der Wissenschaft wurden viele Stimmen laut, die Amerikaner sollten sich beim Sammeln, Beschreiben und Interpretieren der Hervorbringungen der Natur ihres Landes nicht länger auf die Europäer verlassen. Thomas Jefferson erklärte, sie hätten „sich zu lange auf die althergebrachte und ungenaue Beobachtung anderer Nationen verlassen".[1] Die Naturkunde, so das Anliegen, sollte ein durch und durch amerikanisches Unterfangen sein und so dazu beitragen, eine neue Nation zu formen.

Zu den ersten naturkundlichen Darstellungen, die als Ergebnis der europäischen Präsenz entstanden, gehören etwa die von indigenen Künstlern 1571 für Francisco Hernández während dessen siebenjähriger Expedition nach Mexiko angefertigten Zeichnungen, diejenigen der englischen Siedlung auf Roanoke Island von John White aus dem Jahr 1587 und die wundervollen Darstellungen surinamischer Pflanzen und Insekten von Maria Sibylla Merian ein Jahrhundert später. Merian war eine der ersten Künstlerinnen, die auf Reisen Aquarelle tropischer Pflanzen, Insekten und anderer Tiere für spätere Kupferstiche anfertigte. Diese wurden 1705 als *Metamorphosis insectorum Surinamensium* veröffentlicht, etwas ganz Neues im Bereich naturkundlicher Illustration – ihre kolorierten Tafeln zeigten erstmals das Habitat von Tieren und die Wechselbeziehungen zwischen Pflanzen und Insekten.

Merian war eine außergewöhnliche Frau – nach den Maßstäben eines jeden Jahrhunderts. 1699 reiste sie in die niederländische Kolonie in Surinam, um die Insekten, die schon früh ihr Interesse geweckt hatten, zu studieren und zu malen. Sie publizierte erfolgreich wissenschaftliche Arbeiten und war als Naturforscherin bei den führenden europäischen Experten der Zeit geachtet. Entsprechend begehrt waren ihre Illustrationen bei den mächtigsten und reichsten Staatsoberhäuptern. Ihr Kenntnisreichtum war enorm und sie entwickelte ein tiefgehendes Verständnis von der Komplexität des Lebenszyklus vieler Insekten. Sie war von der Metamorphose von Faltern und Schmetterlingen fasziniert. Die verschiedenen Stadien hielt sie in ihren Bildern fest, wobei sie die Futterpflanzen der Insekten miteinbezog. Ihr wissenschaftliches Studium der Insekten ist umso bemerkenswerter, wenn man bedenkt, wie wenig im späten 17. Jh. darüber bekannt war – der Begriff Entomologie wurde erst Mitte des 18. Jhs. geprägt.

MARIA SIBYLLA MERIAN
Metamorphosis insectorum Surinamensium,
Ausgabe von 1726
Handkolorierter Kupferstich,
525 x 555 mm

Merian finanzierte ihre Reise nach Surinam mit dem Verkauf ihrer Bilder und naturkundlichen Sammlungen und setzte dabei ihre Zukunft aufs Spiel. Ihre Werke konnten wohl nur die auserwählten wenigen betrachten, die sich den Kauf solch großformatiger Foliobände leisten konnten oder Zugang zu jenen im Besitz reicher Freunde oder wissenschaftlicher Institutionen wie der Royal Society hatten. Dennoch war ihr Einfluss unter Naturkunde(kunst)-Interessierten enorm.

Ein Mann, der das Glück hatte, eine Reihe ihrer Originalaquarelle zu sehen zu bekommen, und sicher inspiriert davon war, war Mark Catesby. Wie Merian war Catesby keineswegs wohlhabend und für seine Reisen, Studien und Publikationsvorhaben von anderen abhängig. 1712 verließ er seine Heimat in Suffolk, um den Atlantik mit Ziel Williamsburg, Virginia, zu überqueren, wo er sieben Jahre mit Reisen, Zeichnen und Pflanzensammeln zubrachte. Catesby kehrte 1719 nach England zurück, begierig darauf, auf seinem Wissensschatz über die Naturgegebenheiten der Neuen Welt aufzubauen. Er wurde mit dem angesehenen Botaniker William Sherard bekannt gemacht, der von Catesbys Enthusiasmus und zeichnerischen Fähigkeiten beeindruckt war und auf der Suche nach jemandem für einen Auftrag des Gouverneurs von South Carolina, Pflanzen und Tiere der Region zu zeichnen. Dieser war mit einer jährlichen Zuwendung von 20 £ verbunden, doch waren weitere Mittel für Catesbys Überfahrt nötig. Die Stelle erforderte auch die Unterstützung der Royal Society. Die Empfehlung zu erhalten, war nicht schwierig, aber die Royal Society war nicht bereit, finanzielle Mittel bereitzustellen, so dass Einzelgeldgeber aufgetan werden mussten. Ein Konsortium wurde gegründet, zu dem u.a. auch Sherard und Sir Hans Sloane gehörten. Nachdem die Finanzierung gesichert war, brach Catesby 1722 erneut nach Nordamerika auf.

The manner of their fishing.

Sein zweiter Besuch dauerte vier Jahre. Er sammelte Proben, fertigte Zeichnungen und Skizzen unbekannter Flora und Fauna und sandte regelmäßig Schachteln mit Sämereien und Tierexemplaren an seine Wohltäter. South Carolina war zu der Zeit eine der britischen Grenzkolonien und seine Reisen waren voller Gefahren. Nicht nur, dass er ein wildes und unbekanntes Land erkundete, er setzte sich auch der Gefahr von Angriffen feindseliger amerikanischer Ureinwohner aus. Catesby kehrte 1726 nach England zurück, bereits mit dem festen Entschluss, seine Zeichnungen zu veröffentlichen. Er widmete die nächsten 17 Jahre diesem Projekt und bereitete die Tafeln für sein großartiges zweibändiges Werk *The Natural History of Carolina, Florida and the Bahama Islands* (1731–1743) vor. Da er sich im Kupferstechen hatte unterweisen lassen, fertigte er die Tafeln für sein Werk selbst und konnte so die nahezu unerschwinglichen Produktionskosten reduzieren. Wie bei seinen Reisen wäre Catesby ohne die Unterstützung von Förderern nie imstande gewesen, dieses Werk zu vollenden. In diesem Fall stellte Peter Collinson, ein dem Quäkerglauben anhängender Londoner Tuchhändler, die Mittel bereit.

Collinson war leidenschaftlicher Pflanzenliebhaber und unterhielt einen prächtigen Garten, den er mit seltenen und exotischen Pflanzen aus aller Welt bestückte. Catesbys Bände stellten viele der neuen Pflanzen und Vögel aus Amerika zum ersten Mal dar und Collinson brannte auf ein solches Werk. Er erklärte sich bereit, Catesby für die Publikation eine stattliche Geldsumme zinsfrei zu leihen. Schlangen, Amphibien, Insekten, Säugetiere, Vögel und Pflanzen kommen allesamt in Catesbys Darstellungen vor. Die Tafeln zeichnen sich durch eine seltsame Mischung aus Prachtentfaltung, Humor und Detailverliebtheit bei gleichzeitigen Ungenauigkeiten aus. Viele der Vögel und kleineren Lebewesen werden lebensgroß vor einem ihrem Habitat entsprechenden Hintergrund gezeigt, während für manche der Studienobjekte die Größenverhältnisse missachtet werden und die Beziehung zwischen Art und Hintergrundflora sowie umgebender Landschaft reine Erfindung ist. Der Einfluss von Merian auf Catesbys Arbeit ist deutlich sichtbar. Er war keineswegs ein so versierter Künstler wie Merian, aber sein Werk ist von einer Lebendigkeit, die es nicht minder ansprechend macht.

Catesbys *Natural History of Carolina, Florida and the Bahama Islands* war eine Pionierarbeit, der wenig später George Edwards' *A Natural History of Uncommon Birds* folgte, ein mehrbändiges Werk, das Vögel und andere Lebewesen aus aller Welt enthielt. Die Illustrationen brachten Edwards die Goldmedaille der Royal Society ein. Er war als junger Mann weit gereist und hatte dabei die Natur beobachtet und gezeichnet, doch verließ er sich auch auf Exemplare und Zeichnungen, die er seinem weltweiten Netzwerk von Naturforschern, Seefahrern und Siedlern verdankte. Wichtige Beiträge zu Edwards Arbeit stammten von einem enthusiastischen jungen Amerikaner, William Bartram. William war der Sohn von John Bartram, einem Pflanzenzüchter und Farmer aus Philadelphia, der die danach begierigen Gärtner Europas mit Samen nordamerikanischer Pflanzen versorgte und 1765 zum König-

GEGENÜBER John White wurde als Künstler für Walter Raleighs Expedition in die Neue Welt im Jahr 1585 rekrutiert. Seine naturkundlichen Zeichnungen des heutigen North Carolina stellen die früheste erhaltene europäische Dokumentation der indigenen Völker und der Flora und Fauna der Neuen Welt dar. Die Instruktionen für White sind mittlerweile verloren, aber ähnliche Anweisungen für Künstler zu dieser Zeit umfassen das Zeichnen aller „merkwürdigen Vögel Tiere Fische Pflanzen Kräuter Bäume und Früchte". Viele der Zeichnungen, die White anfertigte, wurden 1590 von Theodor de Bry publiziert.

JOHN WHITE
Fischerei-Szene
Handkolorierter Kupferstich, ca. 1580er
367 x 250 mm

GEGENÜBER William Bartram beeinflusste amerikanische und europäische Wissenschaftler und inspirierte auch viele europäische Dichter der Romantik. Sowohl William Wordsworth als auch Samuel Taylor Coleridge nahmen bei ihrer Beschreibung von Landschaft, Pflanzen und Tieren deutliche Anleihen bei Bartrams Schriften. Es war Bartrams Sichtweise der Natur als lebendige Einheit unterschiedlicher und voneinander abhängiger Lebensformen, welche die Vorstellungsgabe der Dichter fesselte. Viele von Bartrams Schriften und Zeichnungen vermitteln eine Ahnung vom Erhabenen der Welt der Natur.

WILLIAM BARTRAM
Mangrovenreiher,
Butorides striatus
Thalia-Art (Pflanze)
Schwarze Tinte und
Wasserfarben, [1774]
377 x 245 mm

lichen Botaniker ernannt wurde. Vom Alter von 12 an begleitete William Bartram seinen Vater auf vielen seiner Expeditionen zum Sammeln von Pflanzen. Dabei lernte der „kleine Botaniker", wie ihn sein Vater nannte, viel über Vögel, Tiere, Pflanzen, Mineralien und den inneren Aufbau der Erde, wobei er akkurate Zeichnungen anfertigte. Obwohl er nie eine formale Anleitung im Zeichnen erhielt, hatte er ein waches Auge und lernte dieses durch das Studium der Tafeln in den Büchern von Catesby und Edwards. Seine natürliche Begabung, die Liebe zur Natur sowie sein Verständnis für diese ließen ihn bald einiges Geschick und eine eigenständige künstlerische Handschrift entwickeln.

1765 verbrachten John und William Bartram zehn Monate mit Erkundungen der Flora und Fauna von Georgia und Florida. Diese erste Begegnung mit Florida weckte in William eine immerwährende Liebe zu dem „wunderbaren Land, in welches er sich nächtens oft und oft in seinen Träumen versetzt fühlte".[2] Die Gelegenheit, dorthin zurückzukehren, bot sich 1773, nachdem er den Londoner Arzt John Fothergill als Patron gewonnen hatte. Fast vier Jahre lang reiste er durch North und South Carolina, Georgia und Florida und bis zum Mississippi, sammelte Pflanzen und Samen, zeichnete und führte Tagebuch. Er reiste mit Händlern und Ureinwohnern, beobachtete deren Lebensstil, Kultur und Sprache. Heute ist er durch seine 1791 publizierten *Travels through North and South Carolina, Georgia and Florida* bekannt. Begegnungen mit „donnernd röhrenden" Alligatoren und wilden Bären beim Campieren entlang der Flussbänke waren gefährlich und Bartram kam mehr als einmal nur knapp mit dem Leben davon. Während der Amerikanischen Revolution blieb er von den Auseinandersetzungen zwischen britischen Truppen und Aufständischen in Georgia nicht verschont, er nahm mindestens an einem Scharmützel teil. Revolutionäre Aktivitäten jedoch waren nichts, was ihm lag, und obgleich strammer Patriot der neuen Republik, entschied er Ende 1776, dass seine Tage als Pflanzensammler in der Region vorüber waren, und machte sich auf die lange Rückreise nach Kingsessing, Philadelphia.

William Bartram fand Zufriedenheit in der Naturbetrachtung. Er widmete ihr sein Leben und seine Beobachtungen der Natur ließen ihn ihre oft verborgenen inneren Beziehungen entdecken. Seine Einsichten in die feine Balance zwischen voneinander abhängigen Arten waren wegbereitend für die ökologische Forschung Mitte des 19. Jhs. Seine Zeit unter den amerikanischen Ureinwohnern vermittelte ihm ein Verständnis von der Harmonie unter allem Lebendigen.

Bartrams Zeichnungen stehen in interessantem Kontrast zu denen seines Zeitgenossen, William Young, der drei Jahre jünger war und von ganz anderem Charakter. Young war ein wagemutiger, anmaßender und vor allem ehrgeiziger junger Mann, fest entschlossen, sich durch Sammeln und Verkauf von Pflanzen und Samen ein Auskommen wie das von Bartram zu ermöglichen. In einer Anwandlung von Kühnheit und mit einer Portion Glück gelang es Young, sich die Patronage der Königin von England zu sichern, der aus Deutschland stammenden Charlotte von Strelitz, Gemahlin

XVI.
Fig 1.
2.

von George III. William Young war Sohn deutscher Immigranten und diese Herkunft trug dazu bei, die Gunst der Königin zu gewinnen. Sie brachte ihn nach London, um ihn dort in Botanik unterrichten zu lassen, verlieh ihm den Titel eines Queen's Botanist und ließ ihm ein jährliches Gehalt von 300 £ zukommen. Youngs Entschlossenheit, berühmt zu werden, fand keine Entsprechung in seiner Hingabe an das Studium der Botanik. Es gab viel zu viele Attraktionen am Rande des Hofes für ihn, als dass er viel Zeit mit dem Betrachten von Pflanzenpräparaten hätte verbringen wollen. Die Vergnügungen waren kostspielig und binnen Kurzem fand sich Young verschuldet im Gefängnis. Schließlich sorgte die Königin für seine Freilassung und er wurde an Bord eines Schiffs mit Kurs auf seine Heimat verfrachtet, verbunden mit dem Rat, in Amerika zu bleiben.

Bei seiner Rückkehr war Young entschlossen, den fortgesetzten Erhalt von Geldmitteln durch die Krone zu rechtfertigen. Er verbrachte das Jahr 1767 auf Reisen durch North und South Carolina, wobei er Pflanzen sammelte und diejenigen malte, um welche das Herbarium der Königin ergänzt werden sollte. In eklatanter Missachtung der Instruktion, in Amerika zu bleiben, brach Young 1768 mit seinen Präparaten, Zeichnungen und über 100 lebenden Pflanzen nach Großbritannien auf. Die Fracht enthielt auch mehrere Venusfliegenfallen, die zu der Zeit noch nicht beschrieben oder benannt waren. Jahrelang waren Botaniker, Gärtner und Naturforscher von Erzählungen über diese aufregende neue Pflanze angestachelt worden; ihre Aufzucht brauchte Jahre und sie überstand Reisen nicht gut. Young war der Erste, der die lebende Pflanze nach Europa brachte, John Bartram der Erste, der sie in seinem Gewächshaus heranzog.

William Young machte es sich zur Gewohnheit, Pflanzen an seine Klienten zu verschicken, und während der Amerikanischen Revolution und des Unabhängigkeitskriegs verlegte er seine Geschäfte nach Frankreich. 1785 stürzte Young, als er am Gunpowder Creek, Maryland, zum Pflanzensammeln unterwegs war, tragischerweise von einer Anhöhe und ertrank im Fluss. Ein trauriges Ende für jemanden, der einen Hauch von Verwegenheit in die Welt des Pflanzensammelns gebracht hatte.

Es gab mehrere europäische Naturforscher, welche die britischen Kolonien in Nordamerika besuchten, darunter John Abbot. 1773 gab er im Alter von 22 seine juristische Laufbahn auf und brach von Deal (Kent) in die Kolonie Virginia auf mit dem Ziel, neue und interessante Insekten zu entdecken und diese auf dem europäischen Markt zu verkaufen. Als kleiner Junge zeigte er Talent im Zeichnen und erhielt Kunstunterricht bei Jacob Bonneau. Diese Kenntnisse kamen ihm als Erwachsener sehr zugute und seine Bilder waren unter Kennern naturkundlicher Kunst zunehmend gefragt. Als er die Küste Großbritanniens gen Amerika verließ, hatte Abbot die feste Absicht, in sein Geburtsland und zu seiner Familie zurückzukehren. Aber wie so viele Reisende verließ er seine Wahlheimat nie wieder und ließ sich schließlich in Georgia nieder. Abbot bestritt seinen Lebensunterhalt mit Sammeln und Malen, aber selbst er musste, sobald er Familie hatte, sein Einkommen durch Unterrichten aufbessern.

Abbot traf nie mit William Bartram zusammen, obwohl beide 1776 in Georgia weilten und sich ihre Wege irgendwann gekreuzt haben mögen. Es war „eine Zeit, welche die Gesinnungen der Menschen auf die Probe stellt" (Thomas Paine), und Bartram wie Abbot suchten Zuflucht vor der Gewalt. Abbot ließ sich in Burke County, nordwestlich von Savannah, nieder und Bartram verbrachte den Sommer in Darien mit dem Sammeln von Pflanzensamen wie denen der *Franklinia*, bevor er Georgia später im selben Jahr ganz verließ. Die zwei Sammler hatten in späteren Jahren durch einen gemeinsamen Freund und Kollegen, Alexander Wilson, Kontakt, den aus Schottland stammenden Autor der *American Ornithology*, der ersten Darstellung zu den Vögeln Amerikas. Wilson war in den frühen 1800ern von William Bartram unter seine Fittiche genommen worden. Dieser unterrichtete ihn über Vögel und gab ihm Lektionen im Zeichnen seiner „kleinen gefiederten Freunde". Wie Bartram war Wilson überzeugter Anhänger der neuen Republik und stellte 1804 einen Antrag auf Staatsbürgerschaft. Er befürwortete stark die Befreiung der amerikanischen Wissenschaftler aus ihrer Abhängigkeit von europäischen Naturforschern: „Es bleibt nun den Amerikanern selbst überlassen, ob sie eine Beschreibung der Produkte ihres eigenen Landes weiterhin jenseits des Atlantiks einholen oder wie jedes aufgeklärte Volk die eigenen Historiker ihrer Landes werden wollen."[3]

Wilson war 1794 nach Amerika gekommen, auf der Flucht vor Armut und drohender Kerkerhaft in Paisley in Schottland. Dort hatte er sich mühsam als Weber und Wanderverkäufer über Wasser gehalten und während seiner Reisen über Land Gedichte geschrieben, die Natur studiert und Geige oder Flöte gespielt. Er war Bewunderer von Thomas Paine, dem Autor der *Rechte des Menschen*, und leidenschaftlicher Verteidiger der ausgebeuteten und unterdrückten Weber. Seine radikalen politischen Ansichten fasste er in Gedichte, die er drucken und verteilen ließ. Nach kurzem Gefängnisaufenthalt und angesichts drohender Deportation beschloss Wilson, sein Heimatland zugunsten der Freiheit, die ihm die Neue Welt bot, zu verlassen.

Das Leben in seiner neuen Wahlheimat war sicher kein Zuckerschlecken, aber er fand schließlich Arbeit als Lehrer an einer Schule ein paar Meilen von Kingsessing. 1804 traf er die folgenschwere Entscheidung, die Sicherheit einer bezahlten Anstellung aufzugeben und das zu beginnen, was sein Lebenswerk werden sollte. Er verbrachte seine letzten neun Lebensjahre auf Expeditionen durch die

GEGENÜBER Youngs Zeichnungen zeigen wenig Geübtheit und sind stilistisch unprätentiös und naiv, ähnlich wie frühe Herbarien. Young verzichtete darauf, die verschiedenen Teile der Pflanze oder für die Bestimmung hilfreiche Querschnitte zu zeichnen. Diese Palme ist in der südlichsten Region von North Carolina beheimatet und wird hier mit mehreren Epiphyten gezeigt.

WILLIAM YOUNG
Palmettopalme,
Sabal palmetto
Aquarell, 1768
378 x 234 mm

Staaten, wobei er einen Großteil des Weges zu Fuß zurücklegte, sammelte und beobachtete Vögel, viele davon der damaligen Wissenschaft unbekannt, und suchte zugleich Subskribenten für sein Buch aufzutreiben. Im Sommer pflegte er nach Kingsessing zurückzukehren, wo er im Haus von Bartram unterkam, neue Energien sammelte, sich über Reisen unterhalten konnte und Zeichenanleitungen von seinem vielgeliebten Mentor erhielt. Jahre der endlosen Mühen, Armut und Mangelernährung jedoch forderten ihren Tribut und 1813 erlag Wilson der Ruhr. 47 Jahre alt geworden, hatte er zeitlebens gegen viele Widrigkeiten angekämpft, aber in jenen neun Jahren zumindest einige Zufriedenheit im Studium der Vögel und der Freundschaft mit William Bartram gefunden.

Wilsons *American Ornithology* war das erste Werk seiner Art, wurde jedoch von einem 20 Jahre später erscheinenden imposanten Werk in den Schatten gestellt, *Die Vögel Amerikas* von John James Audubon, damals wie heute bewundert für die lebensgroßen Porträts, welche die Seiten bevölkern. Wilson und Audubon begegneten sich nur ein Mal in Louisville, Kentucky, wo Audubon zu der Zeit lebte. Wilson war auf einer seiner längeren Expeditionen und kam nach Louisville auf der Suche nach Subskribenten. Audubon zeigte ihm einige seiner Bilder und Wilson schrieb, er halte jene Kreidezeichnungen für sehr gut, aber von Audubon seinerseits erhielt er keine Unterstützung. Dieser entschied sich gegen eine Subskription, hielt er sich doch künstlerisch für weit überlegen. Wilson verließ Audubon enttäuscht und schrieb beim Abschied von Louisville in sein Tagebuch: „Wissenschaft und Literatur haben nicht einen Freund in dieser Stadt." Und in einem Brief an seinen Kupferstecher, Alexander Lawson: „Jedermann hier ist so auf das Geldverdienen bedacht, dass niemand die Zeit oder die Bereitschaft für Verbesserungen aufbringt."[4]

Audubon gilt als einer der größten Vogelmaler, berühmt für seine Bände im „Double-Elephant-Folio"-Format, veröffentlicht 1827 bis 1838 und bahnbrechend durch die Überwindung der traditionellen „Elster auf Baumstumpf"-Manier der Vogeldarstellung. Er platzierte die Vögel in ihrem jeweiligen Habitat, zeichnete die Dynamik ihres täglichen Überlebenskampfs nach und bildete sie in Bewegung ab, oft im Flug oder auf Beutefang. Die Tafeln waren nicht für Wissenschaftler gedacht. Sie sollten dem Betrachter Ehrfurcht vor der Tierwelt Amerikas einflößen und genau das taten sie auch.

Audubon verbrachte jedes Jahr viele Monate auf Reisen durch Nordamerika, wobei er Vögel beobachtete, schoss und malte. Den Großteil seines Lebens mühte er sich um geschäftlichen Erfolg und erst nach Abschluss der Publikation von *Die Vögel Amerikas* verfügte er – im Alter von 53 – endlich über das zum Erhalt seiner Familie notwendige Einkommen. 1843 begann er sein letztes Projekt, drei Bände mit Farbtafeln der Säugetiere Amerikas, *Viviparous Quadrupeds of North America*. Dies erforderte einmal mehr Reisen in den Westen, doch bald schon ließ ihn seine Gesundheit im Stich.

Bis 1848 hatte sie sich so weit verschlechtert, dass er nicht mehr malen konnte und sein Verstand „komplett zerrüttet" war. Audubon blieb bei seiner Familie in New York und starb dort 1851. Sein Sohn John führte viele der Tafeln aus und Reverend John Backman schrieb den Text. Backman war ein amerikanischer Naturforscher, der mit den meisten aktiven Wissenschaftlern des frühen 19. Jhs. korrespondierte. 1804 nahm er an einem der Höhepunkte des Jahres in Philadelphia teil, einem Dinner im Peale Museum of Natural History zu Ehren von Alexander von Humboldt, der Philadelphia auf der Rückreise von Südamerika nach Paris besuchte. Humboldt hatte fünf Jahre in Südamerika, Mexiko und der Karibik verbracht. Unter den Gästen befanden sich William Bartram und Alexander Wilson. Die Gespräche zwischen Humboldt und Bartram sind nicht überliefert und so können wir lediglich spekulieren, dass zwischen diesen ein großes Maß an Respekt und Harmonie bestanden haben muss, waren ihre Sichtweisen auf die Welt als organisches Ganzes doch sehr ähnlich.

Humboldt wurde 1769 in Berlin in eine Familie des Kleinadels geboren und träumte von Kindesbeinen an davon, die Erde in den Fußstapfen seiner Helden Louis de Bougainville und James Cook zu bereisen. Humboldt studierte bei einigen der führenden Intellektuellen Europas an den Universitäten Frankfurt an der Oder und Göttingen. Dort begegnete er auch Georg Forster, dem Künstler und assistierenden Naturforscher auf Captain Cooks zweiter Reise. Forster sollte großen Einfluss auf Humboldt gewinnen, der ihn als seinen „Leitstern" beschrieb. Mit Forster erhielt er auch seine erste Kostprobe wissenschaftlicher Erkundung, als er ihn 1790 auf seinen Reisen entlang des Rheins durch Frankreich sowie nach England begleitete. Nach seiner Universitätszeit war Humboldt fünf Jahre Beamter des preußischen Bergamts, wobei er auf seine Geologie- und Mineralogie-Kenntnisse aufbauen konnte. In seiner Freizeit verfolgte er das Studium der Botanik und Zoologie und führte Experimente zur tierischen Elektrizität durch.

Humboldt brach 1799 mit dem französischen Botaniker Aimé Bonpland zu seiner fünfjährigen Expedition nach Süd- und Mittelamerika auf. Er finanzierte diese durch ein ihm nach dem Tod seiner Mutter zugefallenes Erbe. Er hatte sich zu einem brillanten Sprachwissenschaftler entwickelt, verfügte über ein umfassendes Wissen in allen Bereichen der Naturkunde und war überdies ein kerngesunder Mann mit hervorragender Kondition. Seine Fähigkeit, höher zu klettern, weiter zu wandern und länger durchzuhalten als die meisten, war außergewöhnlich. Er führte wissenschaftliche Geräte mit sich, die technisch auf dem allerneuesten Stand waren und es ihm erlaubten, astronomische Beobachtungen zu machen und Messungen von Gasen, Flüssigkeiten und Festkörpern vorzunehmen, von Meerestemperaturen in verschiedenen Tiefen, Abweichungen im Erdmagnetismus und der atmosphärischen Elektrizität. Humboldt und Bonpland verbrachten fünf Jahre damit, in Regenwälder vorzudringen und die Ebenen und Berge von Venezuela, Kolumbien, Peru, Ecuador, Mexiko und

GEGENÜBER Die Tafeln der *Vögel Amerikas* von Audubon wurden in Fünferreihen publiziert. In den meisten davon waren zumindest zwei Tafeln ganzseitig mit dramatischen Szenen nach der Natur ausgestaltet. Die verbleibenden drei Tafeln stellten die kleineren Vögel wie diesen Kapuzenwaldsänger dar.

JOHN JAMES AUDUBON
Kapuzenwaldsänger,
Wilsonia citrina
Birds of America, 1827–38
Handkolorierter Kupferstich
985 x 650 mm

RECHTS Humboldt und Bonpland reisten viele Tage lang auf einem Floß diesen Typs, wobei sie ihre ganze wissenschaftliche Ausrüstung und die riesige Sammlung lebender Tiere, die Humboldt während seiner Reisen zusammentrug, mit sich führten. Humboldt beschrieb die Machart des Floßes als eine, welche die Peruaner „seit Urzeiten zum Fischen und für den Transport von Gütern nutzten". Die auf dem Floß abgebildeten Früchte liefern dem Betrachter Beispiele für die Erzeugnisse der Äquinoktial- oder Tropenregion.

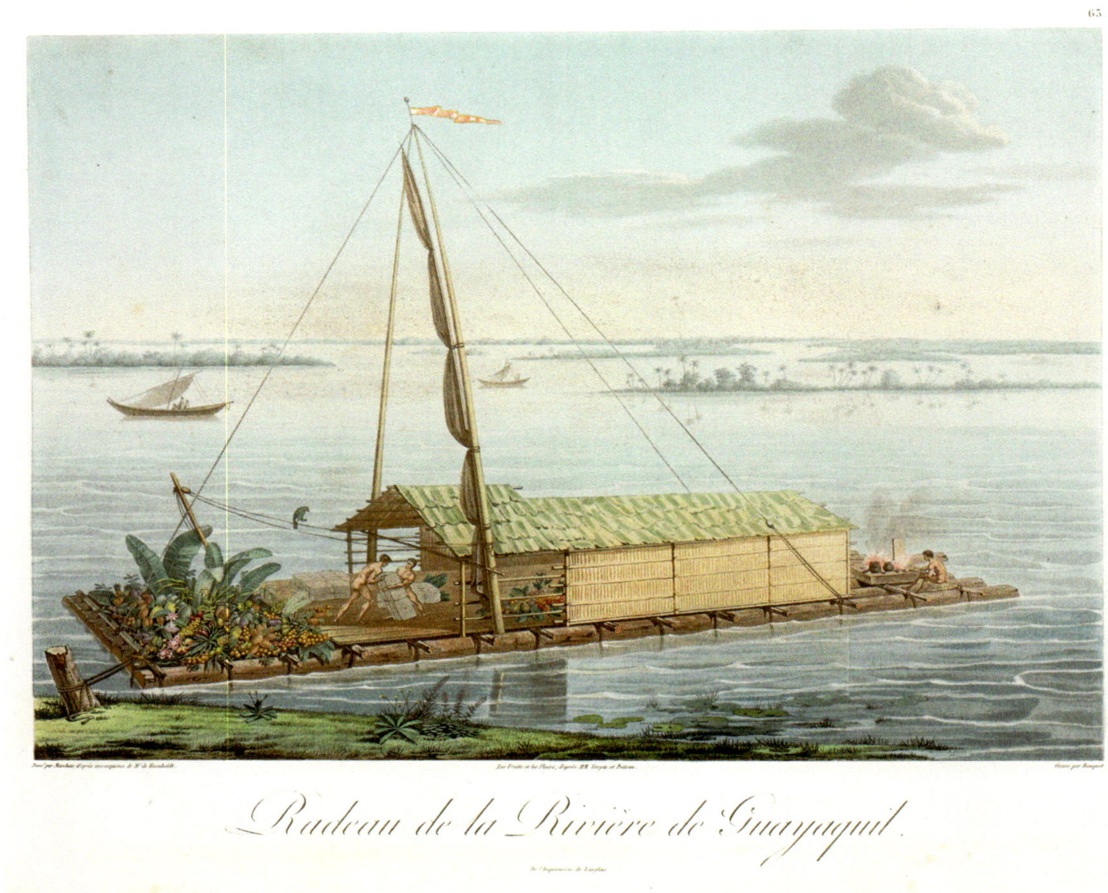

ALEXANDER V. HUMBOLDT
Radeau de la Rivière de Guayaquil
Vues des Cordillères, 1810
Handkolorierter Kupferstich
400 x 570 mm

Kuba zu durchqueren. Sie kartographierten das Land und verzeichneten den Verlauf von Orinoco und Negro. Sie bestiegen Berge und erforschten das Amazonasbecken, dabei immer neue Pflanzen und Tiere entdeckend, sammelnd und beschreibend. Heute gilt Humboldt als Gründervater verschiedener Wissenschaftszweige, darunter der Ökologie und der Pflanzengeographie.

Im Juli 1801 erreichte Humboldt Bogotá, wo er Spaniens größten Botaniker, José Celestino Mutis, traf. Mutis erreichte Südamerika 1761 aus Spanien kommend als Leibarzt des Vizekönigs von Neu-Granada. 1783 leitete er die Royal Botanical Expedition, eine der ersten Erkundungen von Flora und Fauna der Region. Sie war auf eine Periode von 25 Jahren ausgelegt und wurde nacheinander von einer Reihe von Künstlern unterstützt, welche die neu entdeckten Pflanzen in über 5.000 Zeichnungen darstellten. Während seines Aufenthalts in Bogotá fertigte Humboldt eine Karte des Rio Grande de la

Magdalena an und präsentierte Mutis vor seiner Abreise eine Kopie. Humboldt war selbst ein vorzüglicher Künstler, der detaillierte Skizzen als Vorlage für die Tafeln lieferte, welche die vielen Textbände seiner *Vues des Cordillères* begleiten sollten. Darunter sind wunderbar romantische topographische Bilder, welche grandiose geologische Formationen zeigen. Eine Besonderheit besteht darin, dass Humboldt darin stets sich selbst und Bonpland platzierte, womit er gleichsam bestätigte, dass das, was der Betrachter sah, präzise war, war es doch durch die Anwesenheit Humboldts verbürgt.

Humboldts Ruf eilte ihm voraus; die Zeitungen in Europa berichteten lange vor seiner Rückkehr von seinen Abenteuern, so dass er bei seiner Ankunft in Paris im August 1804 bereits eine internationale wissenschaftliche Reputation besaß. Er war nun so berühmt wie einer seiner Helden, Captain James Cook. Nach seiner Rückkehr schrieb Humboldt über 30 Bände über seine Reisen, darunter *Reise in die Äquinoktial-Gegenden des Neuen Kontinents*, das als eines der großartigsten Reisebücher aus dieser Periode der Naturforschung gilt. Es wurde tausendfach verkauft und beeinflusste eine ganze Generation angehender Abenteurer.

Unter jenen, die Humboldts Arbeit inspirierte, waren zwei künftige Wissenschaftler, Charles Darwin und Alfred Russel Wallace. Darwin segelte als Begleiter von Captain Robert FitzRoy auf der HMS *Beagle* mit und musste, ähnlich wie Joseph Banks auf der *Endeavour*, für dieses Privileg Überfahrt und Lebenshaltungskosten selbst bezahlen. Die Reise – Hauptzweck war die Vermessung der südamerikanischen Küste – dauerte fünf Jahre. Alfred Russel Wallace, 14 Jahre jünger als Darwin, reiste ebenfalls nach Südamerika. Im Gegensatz zu Darwin entstammte Wallace einer Mittelschichtfamilie, die um ihr Auskommen zu kämpfen hatte. Sein frühes Arbeitsleben bestand darin, in England umherzureisen, wohin immer ihn seine Arbeit als Vermessungsgehilfe des älteren Bruders brachte. Sein Wissenshunger führte ihn in die öffentlichen Bibliotheken und an die Mechanics' Institutes für Arbeiter, wo er erst sich selbst weiterbildete und später andere, indem er wissenschaftliche Vorträge hielt.

In seinen Mittzwanzigern hatte Wallace eine derartige Begeisterung für Naturgeschichte entwickelt, dass er beschloss, daraus seinen Beruf zu machen. Am 26. April 1848 verließ er mit seinem Freund Walter Henry Bates Liverpool gen Südamerika und verbrachte dann vier Jahre damit, die Flüsse Amazonas und Negro entlang zu reisen, sammelte Vögel, Insekten und Pflanzen, notierte seine Funde, schrieb wissenschaftliche Tagebücher und zeichnete. Die Mittel für seine Reisen stammten aus dem Sammeln naturkundlicher Exemplare, die in London durch seinen Unterhändler, Samuel Stephens, verkauft wurden. Wallace war nun 25 und seine Einsichten in die Naturwissenschaften hatten ihn dazu gebracht, über das komplexere Thema der biologischen Diversität und die Mechanismen der Evolution nachzudenken. Er hoffte, auf seinen Reisen Antworten zu finden. Wallace sammelte viele Proben und sandte regelmäßig Pakete an Stephens, doch der Großteil seiner persönlichen Sammlung, Duplikate

GEGENÜBER Margaret Mee lag die Erhaltung der brasilianischen Regenwälder sehr am Herzen und sie bemühte sich aktiv darum, das Bewusstsein für die Artenvielfalt der Amazonasregion zu schärfen. Dies wurde durch ihre großartigen Aquarellzeichnungen der Pflanzen der Region wie des hier dargestellten Bromeliengewächses unterstützt. Bromelien kommen in den tropischen Gebieten Amerikas vor.

MARGARET MEE
Caraguatá, *Bromelia anticantha*
Wasser- und Deckfarbe, 1958
663 x 481 mm

der verkauften Exemplare sowie seine Tagebücher, Zeichnungen und lebenden Tiere reisten mit ihm. Am 12. Juli 1852 brach Wallace von Pará (Brasilien) auf der Brigg *Helen* nach Großbritannien auf. Nach 28 Tagen gab es ein Feuer an Bord. Es gelang ihm, ein paar Gegenstände in Sicherheit zu bringen, einige Münzen, Hemden und vier Bände mit Zeichnungen von Fischen des Rio Negro. All seine übrigen Besitztümer gingen in Rauch auf. Wallace und die Mannschaft verbrachten zehn Tage auf einem offenen Boot, bevor sie von der *Jordeson* gerettet wurden, mit der er schließlich England erreichte.

Ein weiterer, der in Humboldts Fußstapfen trat, war Robert Hermann Schomburgk (geb. 1804 in Freyburg, Sachsen). Er reiste etwa 30 Jahre später auf dem Orinoco durchs Landesinnere von Essequibo nach Esmeralda. Schomburgk gehörte zu denjenigen, die ihre Reisen zunächst einmal selbst zu finanzieren hatten. 1831 führte er eine Vermessung der Küstenlinie von Anegada (Jungferninseln) durch und publizierte seinen Bericht im *Journal of the Royal Geographical Society of London*. Dies brachte ihm einige Anerkennung, so dass er sich 1835 für eine Expedition nach Südamerika die Unterstützung der Royal Geographical Society sichern konnte. Schomburgk stellte fest, es sei „die Wissenschaft allein", die ihn nach Britisch-Guayana führte, wo er vier Jahre mit Erkundungen der Region und der Grenzgebiete zu den Nachbarländern Venezuela und Brasilien verbrachte.

Nach seiner Rückkehr nach Europa reichte Schomburgk bei der britischen Regierung einen später veröffentlichten Bericht zur geographischen Beschreibung von Britisch-Guayana ein. Er kehrte dorthin zurück, diesmal jedoch unter der Ägide des Colonial Office, für das er Vermessungen durchführte und die Grenzlinie des Landes festlegte. 1840 schloss sich ihm sein Bruder Richard als Botaniker der Expedition an. Robert hatte sich bereits mit der Entdeckung einer großartigen Riesenseerose, *Victoria amazonica*, die er 1837 nach Großbritannien sandte, einen Namen gemacht. Auch wenn er in Deutschland geboren war, stand Robert Schomburgk bis 1864 als britischer Konsul weiterhin in den Diensten der britischen Regierung, zuerst in der Dominikanischen Republik und später in Bangkok. 1844 wurde er von Königin Victoria in den Ritterstand erhoben und es wurde ihm außerdem von der Royal Geographical Society die Goldmedaille verliehen. Sein Weg führte ihn von der Eigenfinanzierung seiner Reisen über eine Förderung durch die Royal Geographical Society bis hin zum Dienst als hochrangiger Beauftragter der britischen Regierung.

Die Erforschung der Amazonasregenwälder zog im 20. Jh. weiter viele naturkundlich orientierte Künstler an, darunter die furchtlose Margaret Mee. Ihre Entdeckung bislang unidentifizierter Pflanzen und deren wunderbare Aquarelldarstellung bilden einen wichtigen Beitrag zur Wissenschaft. Ihre Arbeit war auch insofern bedeutsam, als sie die wissenschaftliche Welt auf die rapide Abholzung der Wälder aufmerksam machte, deren Augenzeugin sie während ihres 32-jährigen Brasilienaufenthalts wurde.

Margaret Mee
Bromelia anticantha
Bertol. 'Caraguata'
Represa Billings, S. Paulo
flowered November 1958

GEGENÜBER UND LINKS

1685 hatte sich Merian den Labadisten angeschlossen, welche eine Gemeinschaft in La Providence in Surinam unterhielten. Dort blieb Merian auch während ihrer Reisen in Surinam im Jahr 1699. Exkursionen in die Wälder zum Sammeln, Beobachten und Malen waren mit Schwierigkeiten behaftet. Besonders sich durch die dichte Vegetation zu quälen, war mühselig. Bei ihrer Rückkehr nach Amsterdam machte sich Merian daran, ein Buch im Folio-Format mit Kupferstichen zu produzieren, die auf ihren Aquarellen der Insekten und zugehörigen Pflanzen von Surinam basierten, „zur Freude der neugierigen Naturforscher".

MARIA SIBYLLA MERIAN
Korallenbaum (gegenüber)
Papaya, *Carica papaya* (links)
Metamorphosis insectorum Surinamensium,
Ausgabe von 1726
Handkolorierte
Kupferstiche
525 x 555 mm

LINKS Der Kopf dieses Reihers wird zusammen mit mehreren Käfern, einer Schabe, einem Floh und einem Salamander gezeigt. Catesbys Werk war von eminenter Bedeutung für die Entwicklung einer wissenschaftlichen Kunst. Er war der Erste, der Vögel in Verbindung mit den Pflanzen oder Tieren zeigte, von denen sie sich ernähren. In der Legende zu dieser Zeichnung schrieb Catesby, dieser Vogel fresse Fische, Frösche und Eidechsen. Die zwei Bände der *Natural History of Carolina* dienten für Europäer während des gesamten 18. Jhs. als Bild-Referenzmaterial und naturgeschichtliche Quelle für die südöstliche Region Nordamerikas.

MARK CATESBY
Art unsicher, wurde jedoch als Kanadareiher identifiziert, *Ardea herodias*
The Natural History of Carolina, Florida and the Bahama Islands, 1731–1743
Handkolorierter Kupferstich
531 x 360 mm

GEGENÜBER UND RECHTS

Einige wenige von Catesbys Tafeln waren Kopien von Malereien, die John White in den 1580ern angefertigt hatte, als er Roanoke Island besuchte. Georg Ehret stellte zwei andere Tafeln mit Pflanzen her. Die übrigen der 220 Farbtafeln wurden von Catesby basierend auf seinen ursprünglichen Zeichnungen vor Ort und Beobachtungen an lebenden oder präparierten Exemplaren in England gefertigt. Er stellte insgesamt 109 Vogelarten dar, mehr als jedes andere Motiv aus dem Tierreich. „Ich glaube, dass wenige Vögel meiner Kenntnisnahme entgangen sind", schrieb er im Vorwort.

MARK CATESBY
Blaureiher (rechts),
Egretta caerulea
Roter Flamingo (gegenüber),
Phoenicopterus ruber
The Natural History of Carolina, Florida and the Bahama Islands, 1731–1743
Handkolorierter Kupferstich
531 x 360 mm

T. 73

Turdus Rhomboidelis

Turdus &c

MARK CATESBY
Blauer Doktorfisch,
Acanthurus coeruleus
Kreolenbarsch,
Paranthias furcifer (links)
Elfenbeinspecht,
Campephilus principalis
(rechts)
The Natural History of Carolina, Florida and the Bahama Islands, 1731–1743
Handkolorierte Kupferstiche
531 x 360 mm

LINKS UND OBEN Catesby war ein früher Verfechter der Auffassung, eine gute Darstellung einer Pflanze oder eines Tieres könne mehr über eine Art vermitteln als bloßer Text. Im Vorwort zu seinem Werk hielt er fest: „Die Illuminierung der Naturgeschichte ist für deren vollständiges Verständnis so wesentlich, dass ich zu behaupten wage, es lässt sich aus den Abbildungen von Tieren und Pflanzen in den ihnen eigentümlichen Farben eine klarere Vorstellung gewinnen als durch eine auch noch so genaue Beschreibung ohne diese."

Franklinia alatamaha.
A beautiful flowering Tree.
discovered growing near the banks of the R. Alatamaha in Georgia.
Willm. Bartram. Delin.
1788.
B
BM
(N.H.)
L

GEGENÜBER Diese Zeichnung einer Franklinie erfüllt alle Anforderungen an eine botanische Illustration. Sie ist in einem Zeichenstil ausgeführt, der als Linnésche Methode bezeichnet wird, der zufolge, wie Joseph Banks konstatierte, „jede Abbildung dazu bestimmt ist, für sich genommen eine jede Frage zu beantworten, die ein Botaniker nur je stellen mag". Als Wildpflanze ist die Franklinie heute ausgestorben und es ist Bartram zu verdanken, dass sie als Kulturpflanze überlebt hat.

WILLIAM BARTRAM
Franklinie, *Franklinia alatamaha*
Aquarell, 1788
478 x 354 mm

OBEN Bartram zeichnete diese Pflanze, nachdem er einen Zweig einer gezüchteten Art von Mr. Alexander erhalten hatte, der einer der ersten in Amerika gebürtigen professionellen Gärtner war und für Thomas Penn, den Sohn des Gründers des Staates Pennsylvania, arbeitete. Im Begleittext schreibt Bartram, die Knötchen auf der Frucht würden „eine Szene von noch größerer Schönheit und Wundersamkeit enthüllen".

WILLIAM BARTRAM
Bittermelone, *Momordica charanita*
Aquarell, [1769]
295 x 398 mm

RECHTS In seinem Buch über seine Reisen in Florida, wo Bartram diesen Fisch erstmals beobachtete, beschrieb er ihn als „ein über alle Maßen schönes Geschöpf … ein Krieger in einem goldenen Kettenhemd“. Bartram war der Erste, der, im Jahr 1791, eine Beschreibung des im Englischen „Warmouth“ genannten Fisches publizierte, und die Zeichnung dient als Referenzexemplar, das allen tatsächlich erhaltenen Exemplaren um Jahrzehnte vorausgeht.

WILLIAM BARTRAM
Warmouth (Sonnenbarsch-Art), *Lepomis gulosus*
Aquarell und schwarze Tinte, 1774
198 x 294 mm

Summer Duck.

Passenger Pigeon.

GEGENÜBER UND LINKS

John Abbot war sich der Veränderungen, die sich zu seinen Lebzeiten in der Natur vollzogen, sehr bewusst. Er brachte Besorgnis über den Rückgang in den Vogel- und Insektenpopulationen als Folge landwirtschaftlicher Praktiken und eines zunehmenden Bevölkerungswachstums zum Ausdruck. Viele der von Abbot gemalten Insekten- und Vogelarten sind heute ausgestorben oder gefährdet, wie etwa die hier dargestellte Wandertaube.

JOHN ABBOT
Brautente, *Aix sponsa*
Aquarell, 1827
305 x 190 mm

JOHN ABBOT
Wandertaube,
Ectopistes migratorius
Aquarell, 1827
305 x 190 mm

RECHTS Als die Produktion der *American Ornithology* in Gang gesetzt war, verbrachte Alexander Wilson jedes Jahr Monate damit, durch die verschiedenen Staaten von Amerika zu reisen auf der Suche nach neuen Vögeln, die er beschreiben und malen konnte, und um Subskriptionen für sein Werk aufzutun. Seine Reisen brachten ihn in Kontakt mit anderen eifrigen Ornithologen, die ihn mit Exemplaren und ihren eigenen Zeichnungen versorgten, darunter John Abbot. Wilson gelang es, ein kleines Heer an Lieferanten von Vogelexemplaren und Informationen um sich zu scharen, so dass er schreiben konnte: „Kaum wird irgendwo zwischen New York und Kanada ein Zaunkönig oder eine Meise vorbeifliegen können, ohne dass ich davon erfahre."

ALEXANDER WILSON
Blaureiher, *Egretta caerulea*
Schmuckreiher, *Egretta thula*
Virginia-Ralle, *Rallus limicola*
Klapperralle, *Rallus longirostris*
American Ornithology, 1824
Handkolorierter Kupferstich
346 x 267 mm

4
2

1
2
4

GEGENÜBER Das Trampen über Land war kräftezehrend und Wilson erduldete viele Härten. Zuweilen war er zur Untätigkeit gezwungen, weil er keine Subskribenten für sein Werk finden konnte. Nach fünftägigem Aufenthalt in Louisville, wo er mit Audubon zusammengetroffen war, von diesem jedoch keine Unterstützung zu erhalten vermochte, reiste er nach Lexington, wo sich seine Laune hob, nachdem es ihm gelungen war, 15 Subskribenten aufzutun. Er reiste dann weiter nach Nashville und in die Mississippi-Gegend, wo er die Stätte aufsuchte, wo Meriwether Lewis von der Lewis-and-Clark-Expedition 1809 den Tod gefunden hatte. Zu den erhebenden Begebenheiten gehörte auch die herzliche Begrüßung durch Thomas Jefferson im President's House in Washington. Jefferson war einer der Ersten gewesen, der 1807 Wilsons Werk subskribiert und ihm dabei geschrieben hatte, er grüße „Mr. Wilson mit dem größten Respekt".

ALEXANDER WILSON
Rosalöffler, *Ajaia ajaja*
Amerikanischer Säbelschnäbler, *Recurvirostra americana*
Sanderling, *Calidris alba*
Sandstrandläufer, *Calidris pusilla*
American Ornithology, 1824
Handkolorierter Kupferstich
346 x 267 mm

ALEXANDER WILSON
Falkennachtschwalbe, *Chordeiles minor*
American Ornithology, 1811
Handkolorierter Kupferstich
346 x 267 mm

RECHTS Nicht in der Lage, in Amerika einen geeigneten Kupferstecher und Verleger zu finden, reiste Audubon 1826 mit mehr als 200 Vogelzeichnungen nach Großbritannien. Einige seiner Zeichnungen wurden in Edinburgh ausgestellt und dort begegnete er auch dem Kupferstecher W.H. Lizars, der mehrere Kupferplatten seiner Malereien anfertigte. Als Audubon London besuchte, um vor der Royal Society einen Vortrag zu halten, traf er mit Robert Havel und dessen Sohn zusammen, beide hervorragende Kupferstecher und Maler. Audubon verlagerte sein Projekt nach London, wo im Laufe der nächsten 12 Jahre das Stechen, Drucken und Kolorieren der wundervollen Tafeln vonstattengingen.

JOHN JAMES AUDUBON
Rotschulterbussard,
Buteo lineatus
Birds of America,
1827–1838
Handkolorierter Kupferstich
985 x 650 mm

No. 15.
PLATE LXXII.
Swallow-tailed Hawk.
FALCO FURCATUS, Linn.
Male.
Garter Snake.

GEGENÜBER Audubon erklärt in *Ornithological Biography*, dieser Vogel fresse im Flug: „Sie schweifen knapp über die Felder hinweg, manchmal scheinen sie für einen Augenblick abzusetzen, um eine Schlange zu erbeuten, und tragen sie, sie am Nacken festhaltend, fort und verschlingen sie in der Luft."

OBEN Im Begleittext zum Bild des Gürteltiers wird dieses als einem kleinen Schwein ähnelnd beschrieben, das von einem Schildkrötenpanzer umgeben ist.

JOHN JAMES AUDUBON
Schwalbenweih,
Elanoides forficatus
Birds of America,
1827–1838
Handkolorierter Kupferstich
985 x 650 mm

JOHN JAMES AUDUBON
Neunbinden-Gürteltier,
Dasypus novemcinctus
The Viviparous Quadrupeds of North America, 1848
Handkolorierte Lithographie
530 x 690 mm

LINKS Als sich der Gesundheitszustand von John James Audubon verschlechterte, übernahm es sein Sohn, John Woodhouse, die Aquarelle für die Tafeln des Werks über die nordamerikanischen Säugetiere anzufertigen. Die Tafel des Polarbären ist ein Beispiel von John Woodhouse Audubons Werk. Die Originalzeichnung wurde anhand eines Exemplars im Charleston Museum angefertigt, da weder Vater noch Sohn je einen lebenden Bären gesehen hatten. Der Begleittext erklärt, Audubon habe 1833 auf der Suche nach dem Polarbären Labrador besucht, sei aber nicht erfolgreich gewesen, „da es mitten im Sommer war".

JOHN JAMES AUDUBON
Polarbär, *Ursus maritimus*
The Viviparous Quadrupeds of North America, 1846
Handkolorierte Lithographie
530 x 690 mm

RECHTS Diese *Physalia* ist eine von fünf Zeichnungen von Parkinson, von denen lediglich zwei vollendete Aquarelle sind, während sich die drei anderen in verschiedenen Fertigstellungsstadien befinden. Den Tagebuchaufzeichnungen von Joseph Banks zufolge fuhr er am 7. Oktober 1768, als der Morgen ruhig war, „im Boot hinaus und brachte etwas mit, was die Seeleute eine Portugiesische Galeere nennen". Der Gelehrte Daniel Solander hielt fest, am 22. und 23. Dezember desselben Jahres seien zwei Exemplare dieser Art im Atlantik aufgesammelt worden. Parkinson muss die Zeichnung sehr bald nach dem Fang gemacht haben, da sowohl Solander als auch Joseph Banks die *Physalia* genau untersuchten, wozu auch gehörte, das Exemplar zu sezieren.

SYDNEY PARKINSON
Portugiesische Galeere,
Physalia physalis
Aquarell, 1768
370 x 270 mm

LINKS Diese südamerikanische Kletterpflanze ist nach dem französischen Seefahrer Admiral Louis Antoine de Bougainville benannt, der die Pflanze auf dem Rückweg von seiner Weltumsegelung 1768 mitbrachte. Im selben Jahr setzte James Cook die Segel für seine dreijährige Umrundung der Welt, und als die *Endeavour* in Brasilien ankam, vollendete Sydney Parkinson dieses Aquarell.

SYDNEY PARKINSON
Bougainvillie, *Bougainvillea spectabilis*
Aquarell, 1768
470 x 280 mm

RECHTS Im Dezember 1774 gelangte die *Resolution* in die kalten und unwirtlichen Gewässer von Feuerland, wo die Mannschaft mehrere Tage lang das Weihnachtsfest feierte. Am Weihnachtsmorgen war Forster unter einer Gruppe von Männern, die auszogen, um Gänse für das Festmahl aufzutreiben, wobei sie nicht weniger als 53 Vögel fingen. Forster malte im Laufe dieses Monats eine Reihe von Vogelarten, darunter diesen Raubvogel am 26. Dezember, während ein Großteil der Crew sich betrank.

GEORG FORSTER
Schopfkarakara,
Polyborus plancus
Aquarell, [1774]
540 x 360 mm

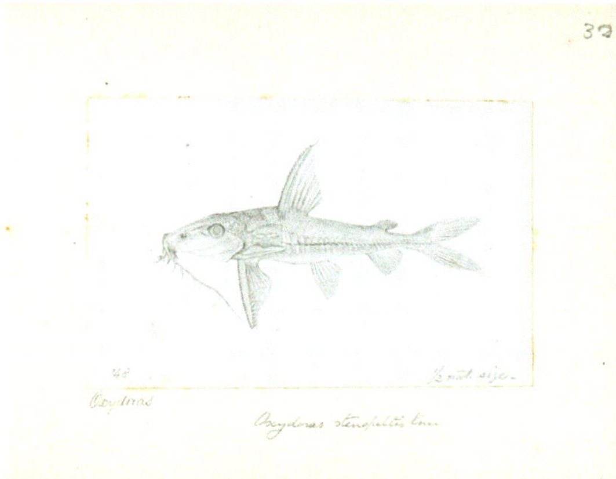

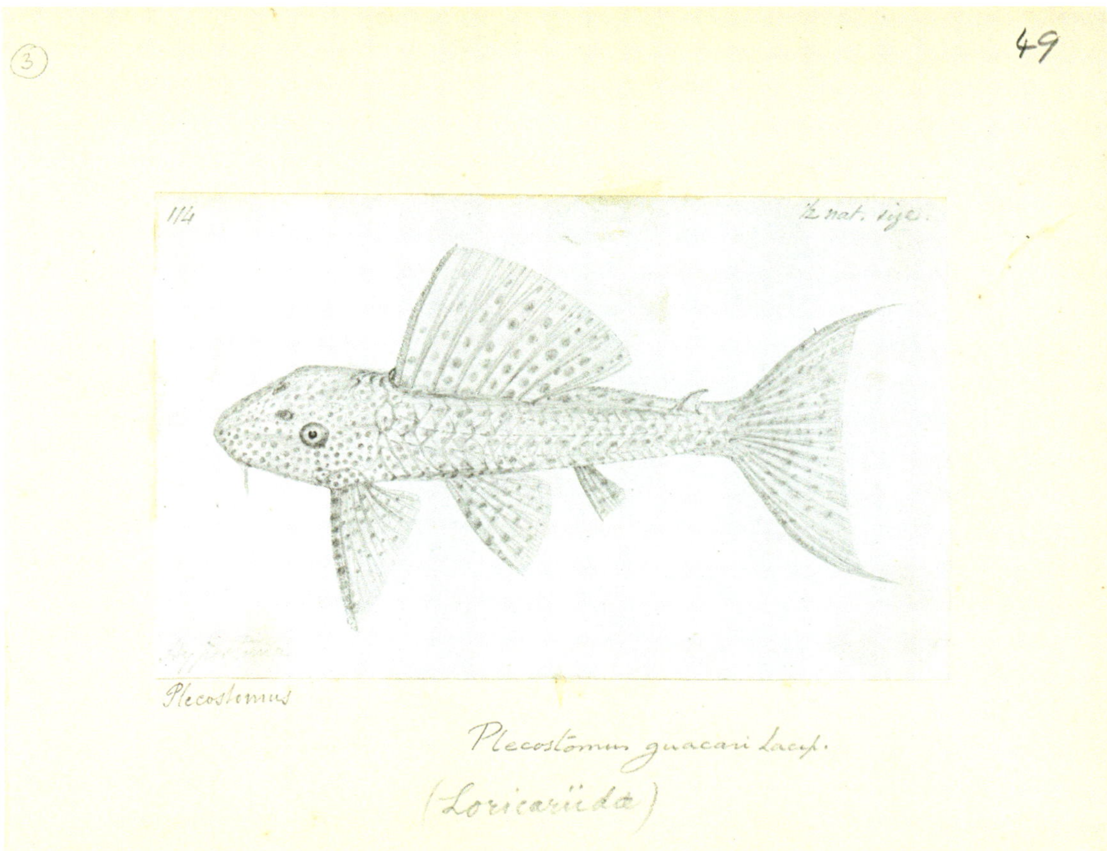

LINKS Wallace schätzte, es gebe im Fluss Negro mindestens 500 Fischarten und die meisten davon würden sich von jenen im Amazonas unterscheiden. Er stellte fest, verschiedene Weltgegenden seien trotz Ähnlichkeiten in Klima und Bodenbeschaffenheit von recht unterschiedlichen Tieren bewohnt. Diese Regionen waren üblicherweise durch große Wasserflächen oder Bergketten getrennt. Er erkannte, dass es außer den klimatischen noch andere Grenzen gab, welche den Bereich einer jeden Art absteckten, und dass dazu große Flüsse wie Amazonas und Rio Negro zählten.

ALFRED RUSSEL WALLACE
Im Uhrzeigersinn von oben links: Antennenwels, *Pseudoplatystoma*-Art; Dornwels, *Opsodoras morei*; Schilderwels, *Hypostomus*-Art
Bleistift, 1851
100 x 160 mm

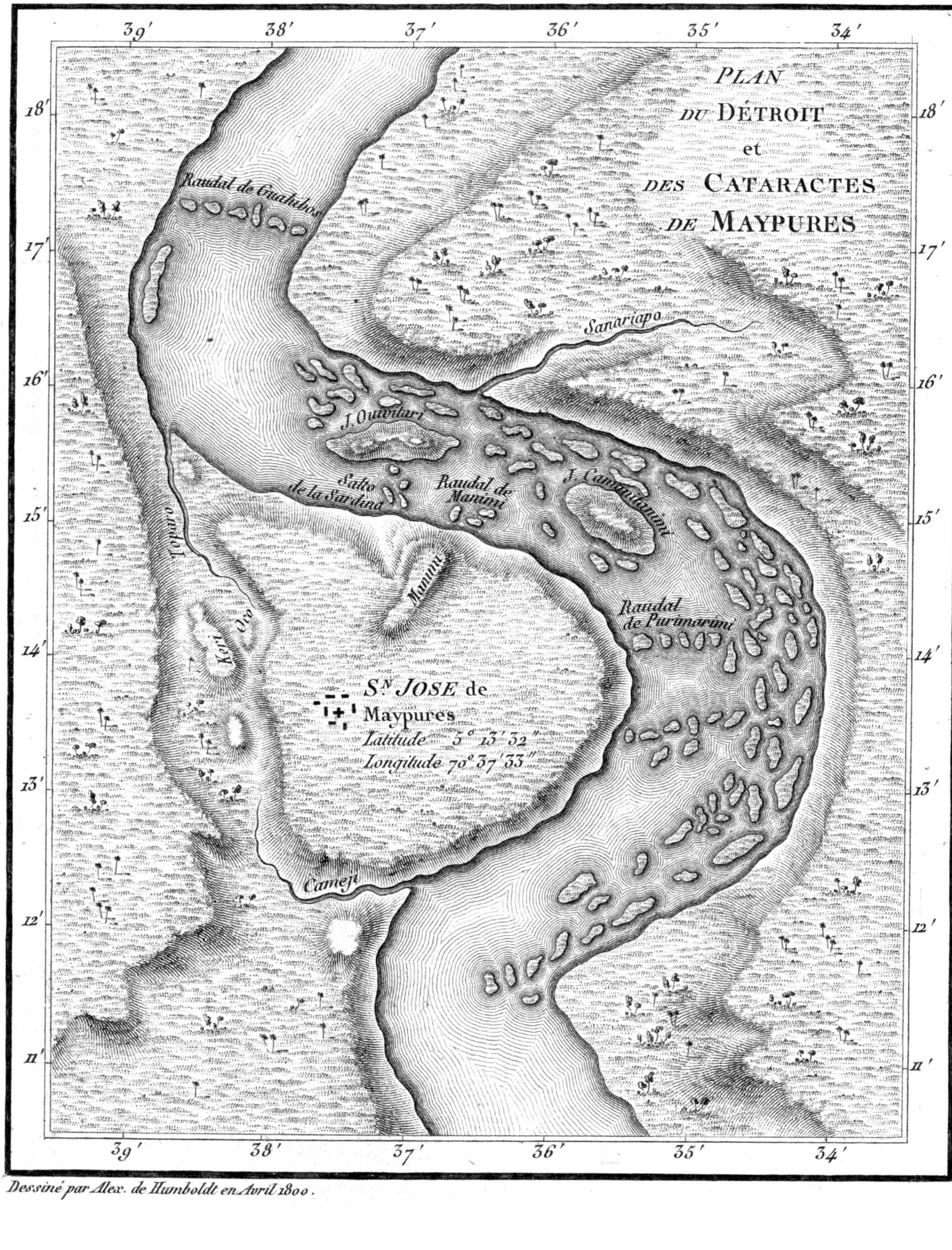

Dessiné par Alex. de Humboldt en Avril 1800.

GEGENÜBER Alexander von Humboldt fertigte während seiner Reisen in Südamerika viele Karten an. Diese Karte der Wasserfälle von Maipures wurde im April 1800 vollendet. Humboldt und Bonpland machten hier eine beunruhigende Erfahrung, als sie glaubten, sie säßen in einer Höhle hinter dem Wasserfall fest, während „die Nacht und ein heftiger Sturm sich näherten". Glücklicherweise wurden sie nach einigen Stunden gerettet.

LINKS Humboldt erwarb während seiner Reisen eine riesige zoologische Sammlung, darunter sieben Papageien, einen Tukan sowie andere Vögel, einen Hund und neun Affen. Diesen Uakari erstand er, während er sich auf dem Casiquiare-Kanal befand. Humboldt versorgte die wissenschaftliche Welt mit umfangreichem Wissen über die Fauna der Neuen Welt, schrieb Essays über Zitteraale, Piranhas, Salamander und die Affen der Wälder Südamerikas.

ALEXANDER V. HUMBOLDT
Plan du Detroit et des Cataractes de Maypures
Atlas Géographique et Physique du Nouveau Continent, 1814.
Kupferstich
147 x 113 mm

ALEXANDER V. HUMBOLDT
Schwarzgesicht-Uakari, *Cacajao melanocephalus*
Recueil d'observations de zoologie et d'anatomie comparée, 1812
Handkolorierter Kupferstich
336 x 255 mm

Dies ist die Ansicht des Chimborazo, bevor Humboldt und Bonpland sich aufmachten, ihn zu besteigen. Mit seinen 6.279 m galt der Chimborazo zu jener Zeit als höchster Berg der Welt und Humboldts Aufstieg bis auf 396 m unter dem Gipfel wurde als grandioser Erfolg anerkannt. Es vergingen über 30 Jahre, bis Humboldts Höhenrekord gebrochen wurde.

ALEXANDER V. HUMBOLDT
Le Chimborazo vu depuis le
Plateau de Tapia
Vues des Cordillères, 1810
Handkolorierter Kupferstich
572 x 790 mm

GEGENÜBER Dieser Stich zeigt die berühmte Reliefform, die einen sehr tiefen Canyon überspannt, in welchem der Rio de la Sama Paz fließt. Dieser Fluss, erklärte Humboldt, war fast unzugänglich und „hätte nur unter größten Schwierigkeiten überquert werden können, hätte nicht die Natur für zwei steinerne Brücken gesorgt“. Humboldt behauptete, „unter den majestätischen und abwechslungsreichen Szenerien der Kordilleren sind es die Täler, die am stärksten auf die Einbildungsgabe des europäischen Reisenden wirken … Ich möchte bezweifeln, ob irgendwo sonst auf der Welt ein Phänomen entdeckt wurde, welches so außergewöhnlich wäre wie das jener drei Gesteinsmassen, welche einander stützen, indem sie ein natürliches Gewölbe bilden.“

LINKS Diese Basaltsteinformation lag nahe der Silbermine Real del Monte in Nordostmexiko. Die Basaltsäulen waren, wie Humboldt feststellte, dem Giant’s Causeway in Antrim (Nordirland) ähnlich, und denen in der vulkanischen Gegend von Vivarais in Frankreich. Humboldt sah darin einen Beleg dafür, dass sich in verschiedenen Klimazonen, in verschiedenen Teilen der Welt und in ganz unterschiedlichen Zeitperioden dieselben geologischen Prozesse abspielen. „Überall bezeugen dieselben Erscheinungen dieselbe Reihenfolge der Umwälzungen, welche allmählich das Antlitz der Erde verändert haben.“

ALEXANDER V. HUMBOLDT
Ponts Naturels d’Icononzo
Vues des Cordillères, 1810
Kupferstich
564 x 400 mm

ALEXANDER V. HUMBOLDT
Rochers Basaltiques et
Cascade de Regla
Vues des Cordillères, 1810
572 x 400 mm

LINKS Der Cashewbaum ist in Nordostbrasilien beheimatet. Der lokale Name dieser Pflanze ist tupi, was den portugiesischen Namen caju zur Folge hatte, von dem sich wiederum Cashew ableitet.

ROBERT SCHOMBURGK
Cashewbaum, *Anacardium occidentale*
Aquarell, 1840er
330 x 205 mm

GEGENÜBER Die Glückskastanie ist ein großer, Blüten tragender Baum. Er ist entlang von Mündungsgebieten und an Seeufern in den tropischen Regenwäldern von Mexiko sowie Mittel- und Südamerika anzutreffen. Die wunderschönen Blüten duften insbesondere abends stark und die essbaren Samen sind in langen, braunen Schoten enthalten, von denen manche bis zu 30 cm lang werden.

ROBERT SCHOMBURGK
Glückskastanie, *Pachira aquatica*
Aquarell, 1840er
263 x 205 mm

Carolinea

Pachira aquatica Aublet.

RECHTS UND GEGENÜBER

Diese zwei Illustrationen bilden Vorder- und Rückseite eines einzigen Blatts. Deutlich sieht man, wie Schomburgk mit der Darstellung dieser Pflanze experimentierte, indem er sowohl eine traditionelle Ansicht (rechts) darbot als auch eine solche, wo die weißen Blüten vor einem schwarzen Hintergrund gezeigt werden (gegenüber).

ROBERT SCHOMBURGK
Orchidee
Aquarell, ca. 1840er
361 x 261 mm

Australas

ELLIS **MARTENS** GOULD **COOK** WATLING **PARKINSON** WEBBER **BAUER**

ien

FORSTER **ELLIS** RAPER **WATLING** MARTENS **GOULD** COOK **WATLING**

AUSTRALASIEN:
Land der Träumer und Strafkolonie

DER SCHOTTISCHE KÜNSTLER SYDNEY PARKINSON war der erste Europäer, der naturkundliche Zeichnungen der australischen Flora und Fauna hervorbrachte. Er wurde von Joseph Banks als Künstler für James Cooks berühmte Reise auf der *Endeavour* (1768–1771) engagiert. Cooks anfängliche Mission bestand darin, nach Tahiti zu segeln, um den Venustransit des Jahres 1769 zu beobachten. Nach Vollendung dieser Unternehmung jedoch sollte Cook „die zusätzlichen Anweisungen ausführen, die in dem versiegelten Paket enthalten sind".[1] Diese besagten, er solle gen Süden segeln, um die bislang unentdeckte, als *Terra Australis Incognito* bezeichnete Landmasse zu finden, und „die Beschaffenheit des Bodens und dessen Erzeugnisse verzeichnen". Dabei gefundene Proben von „Metallen, Mineralien oder wertvollen Steinen" sollten nach Großbritannien gebracht werden und es sollten auch Beobachtungen zu „Genius, Naturell, Charakteranlage und Zahl der Eingeborenen ..."[2] angestellt werden.

Dass die Naturkunde auf der Reise eine solch wichtige Rolle spielen sollte, war der Überzeugungsgabe von Joseph Banks zu verdanken. Er brachte der Admiralität nahe, dass eine naturkundliche Erhebung eines jeden Landes, auf das sie stießen, zusammen mit Zeichnungen, Exemplaren und Beschreibungen des unterwegs Vorgefundenen, für den Erfolg der Expedition entscheidend war. Einen Monat, bevor Cook in See stechen sollte, wurde er informiert, dass neun weitere Zivilisten auf seinem sehr kleinen Schiff unterzubringen waren. „Niemand", so hieß es, „ist je besser gerüstet für die Zwecke der Naturgeschichte zur See gefahren."[3] Unter Führung von Banks waren auch Daniel Solander, ein unter Carl von Linné ausgebildeter Wissenschaftler, der Künstler Alexander Buchan sowie Herman Diedrich Spöring, der als Sekretär fungierte und gleichzeitig ein versierter Künstler war, mit von der Partie. Als zweiter Künstler wurde der 24-jährige Sydney Parkinson aus Edinburgh bestellt.

Parkinson entstammte einer armen Quäker-Familie, sein Vater starb, als er fünf war. Er wuchs zu einem schüchternen jungen Mann heran und wurde nach der Schule zu einem Wolltuchhändler in die Lehre gegeben. Sein künstlerisches Talent zeigte sich früh, und als seine Familie nach London zog, wurde der Kunstgärtner James Lee auf ihn aufmerksam, der ihn mit Joseph Banks bekannt machte.

Parkinson beeindruckte diesen bald mit seiner versierten botanischen Kunst und wurde eingeladen, sich als Naturgeschichtsmaler der *Endeavour*-Reise anzuschließen. Für Parkinson war dies die Chance seines Lebens, die Gelegenheit, eine Laufbahn als spezialisierter Künstler zu begründen.

Zu dem Zeitpunkt, als die *Endeavour* 1769 die südamerikanische Küste verließ, hatte Parkinson bereits über 150 Malereien fertiggestellt. Als das Schiff Neuseeland und Australien erreichte, stellte er fest, dass die Zeit gegen ihn war. Die Fülle an neuartiger Flora und Fauna dort war so überwältigend, dass er sich gezwungen sah, seine Arbeitsweise zu ändern. Da ihm bei vielen Bildern die Zeit fehlte, diese fertigzustellen, machte er jetzt Skizzen, wobei er die Schlüsselfarben ergänzte, um die Zeichnungen bei der Rückkehr nach Großbritannien zu vollenden. Da Joseph Banks fest entschlossen war, die botanischen Zeichnungen publizieren zu lassen, wäre Parkinson mit der Ausarbeitung der Skizzen zu Aquarellen als Vorlage für Kupferstiche noch beträchtliche Zeit beschäftigt gewesen.

Ganze zwei Jahre arbeitete Parkinson fieberhaft daran, die Pflanzen, Tiere, Vögel und Fische des Südpazifiks zu skizzieren und zu zeichnen. Seine Arbeit entwickelte sich gut und die Zukunft nahm sich vielversprechend aus, als das Schicksal zuschlug. Die *Endeavour* machte auf der Rückfahrt über den Atlantik zu Reparaturen in Batavia Halt. Dort zogen sich Parkinson und drei Besatzungsmitglieder die Ruhr und Malaria zu. Parkinson starb am 26. Januar 1771 und wurde auf See bestattet, etwa eine Fünfmonatsreise von der englischen Küste entfernt.

Das Leben an Bord der *Endeavour* war hart. Die Kabinen waren überfüllt und beengend, an ein Arbeiten auf Deck war nicht zu denken. Die Ernährung entsprach sicher nicht dem von Banks gewohnten Standard und die klimatischen Bedingungen an Land waren zuweilen unerträglich. Nichtsdestotrotz wollte Banks Cook auf seiner zweiten Reise im Jahr 1772 auf der HMS *Resolution* begleiten. Die Admiralität lehnte sein Ansuchen ab und ernannte den Naturforscher Johann Forster, begleitet von seinem 17-jährigen Sohn Georg, zum naturkundlichen Assistenten und Künstler. Die Forsters waren deutscher Abstammung und ganz vom intellektuellen Ethos jener Zeit durchdrungen. Sie betrachteten sich als professionelle Naturforscher. Johann Forster war einer der frühesten Verfechter eines solchen Berufs und gab der Rolle durch seine eigene Praxis an Bord der *Resolution* Gestalt, war er doch sehr diszipliniert bei der systematischen Aufzeichnung und Beschreibung der auf der Reise gesammelten Arten. Sowohl der ältere als auch der jüngere Forster schrieben nach ihrer Rückkehr über ihre Reisen; ihre Arbeit spiegelte ihr Interesse an den Beziehungen zwischen Klima, Vegetation und

SYDNEY PARKINSON
Meerbarben-Art,
Upeneichthys lineatus
Aquarell, ca. 1769
269 x 367 mm

menschlicher Entwicklung wider. Ihre Ansichten beeinflussten viele damalige Naturforscher, darunter Banks und Alexander von Humboldt, und trugen zu der Richtung bei, welche die Wissenschaft im 19. Jh. nahm, mit der Entstehung von Forschungsgebieten wie Anthropologie und Ethnographie.

Der Hauptzweck von Cooks dritter Reise war die Entdeckung der Nordwestpassage zwischen den Kontinenten Asien und Amerika. Die Route führte über Kapstadt und dann über den südlichen Teil des Indischen Ozeans nach Tasmanien, Neuseeland und Tahiti. Von dort segelte Cook weiter nach Norden zur Beringstraße. Ende 1778 kehrte er nach Hawaii zurück, um hier zu überwintern, und wurde dort am 14. Februar 1779 getötet. Offizieller Künstler auf der Reise war John Webber, der auf der *Resolution* mitsegelte. Webber produzierte eine Vielzahl von Landschaftsaquarellen, ethnographische Bildnisse, insbesondere von Hawaiianern, und einige naturkundliche Illustrationen. An Bord der *Discovery* befand sich William Ellis, Assistent des Schiffsarztes und Künstler. Ellis brachte eine Sammlung von Aquarellen und Skizzen naturkundlicher Gegenstände hervor, v.a. von Vögeln. Sein handwerkliches Können war keineswegs mit der vollendeten Arbeit Webbers vergleichbar, aber er konnte einige der damaligen Wissenschaft unbekannte Arten dokumentieren.

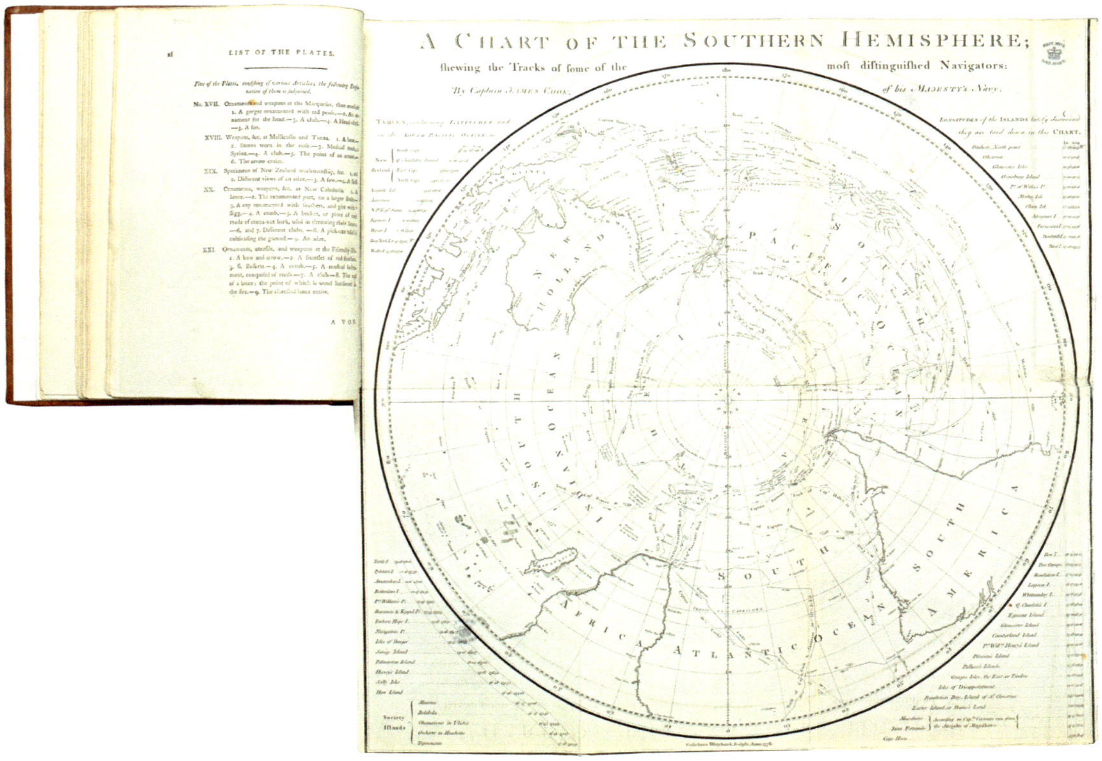

RECHTS Diese Karte der südlichen Hemisphäre ist eine von mehreren, die James Cook von der Reise auf der *Resolution* (1772–1775) anfertigte und welche er in seinem Tagebuch der Reise zum Südpol publizierte.

JAMES COOK
Karte der südlichen Hemisphäre
A Voyage Towards the South Pole and Round the World, 1777
Kupferstich
553 x 547 mm

Auch die nächste Phase in der naturkundlichen Kunst Australiens verdankt Joseph Banks viel. Er war als Volksheld von Cooks erster Reise zurückgekehrt und hatte eine Reputation in Gelehrtenkreisen. 1778 wurde er Präsident der Royal Society und war nun in der Position, einige der wichtigsten Entscheidungsträger in Regierung und Handel zu beeinflussen. Bis zum Ende des Jahrhunderts wuchs seine Autorität und es geschah kaum etwas im Bereich der Naturkunde, was nicht irgendwie mit ihm zu tun gehabt hätte.

Mitte der 1780er Jahre war er es, der die Botany Bay in Australien als geeigneten Ort für die Insassen von Großbritanniens überfüllten Gefängnissen vorschlug. Nach der Amerikanischen Revolution konnte man unerwünschte Kriminelle nicht länger an die Küste von Georgia deportieren und es wurde ein alternativer Zielort benötigt. Die Admiralität hatte bereits die Notwendigkeit für eine Marineversorgungsbasis in Australien erkannt und was hätte besser sein können, als die kostenlose Arbeit von Strafgefangenen zu deren Errichtung zu nutzen. Banks Vorschlag wurde angenommen und am 13. Mai 1787 stachen elf Schiffe von Portsmouth aus mit Ziel Port Jackson, dem heutigen Sidney, in See. Bekannt als First Fleet, waren diese Schiffe mit Strafgefangenen beladen, welche ihre Strafe in einer fremdartigen und unerbittlichen Umgebung verbüßen würden. Neben ihnen waren da Regierungsbeamte, Besatzungsmitglieder und Seeleute mit Familie. Insgesamt erreichten knapp 1.400 Menschen Port Jackson, darunter jedoch keine offiziellen Naturforscher oder Künstler. Die Admiralität verwendete keinen Gedanken darauf, diese Berufe zu berücksichtigen, und es vergingen weitere 13 Jahre bis zur Ankunft von Ferdinand Bauer und Robert Brown, deren professionelle Arbeit von den britischen Behörden gefördert wurde.

Es blieb ein paar Sträflingen und einigen in der marinen Tradition des Zeichnens von Küstenprofilen und der Kartographie geschulten Offizieren überlassen, die Kunst des ersten Jahrzehnts der europäischen Besiedelung Australiens hervorzubringen. Einer davon war der Seekadett der HMS *Sirius*, George Raper, geboren 1769 in London. Raper vollendete während seiner fünfjährigen Dienstzeit in den Antipoden eine Vielzahl an Zeichnungen und sein Beitrag zum Bestand an Kunstwerken in dieser Periode der australischen Kunst ist beachtlich. Er verfügte über einiges zeichnerisches Können, und obwohl sein Schwerpunkt auf Flora und Fauna liegt, sind die topographischen Darstellungen von Port Jackson und dessen naher Umgebung tendenziell seine interessanteren Zeichnungen. Rapers

OBEN Dieser Kohl kommt auf den zwischen Afrika und Australien liegenden Kerguelen-Inseln vor. Cook landete hier während seiner dritten Reise und nannte sie Desolation Islands. Wenig schien dort zu gedeihen außer Moos und diesem Mitglied der Kohlfamilie.

JOHN WEBBER
Kerguelenkohl, *Pringlea antiscorbutica*
Wasser- und Deckfarbe, ca. 1777
222 x 188 mm

GEGENÜBER „Ein im Schlaf verwundeter Eingeborener". Die Zeichnung ist im Vergleich zu den meisten anderen Porträts dieser Zeit eher eine künstlerische Impression, ist sie doch in ein schwarz umrandetes Tondo gefasst und zeigt das Modell in einer klassisch griechischen Pose.

MALER VON PORT JACKSON
Ein im Schlaf verwundeter Eingeborener
Aquarell, ca. 1788–1797
208 x 187 mm

Interesse an den Pflanzen und Tieren dieses neuen Landes ist offensichtlich, aber auch seine fehlenden wissenschaftlichen Kenntnisse diesbezüglich, welche für botanische Künstler wie Parkinson und den gebürtigen Österreicher Ferdinand Bauer ein so entscheidendes Element waren. Wie allen Künstlern des ersten Jahrzehnts der Besiedelung fehlte es Raper sowohl an den Fertigkeiten eines Profis als auch an der für wissenschaftliche Illustrationen erforderlichen Detailgenauigkeit.

Als Raper 1791 von Australien in See stach, um nach Großbritannien zurückzukehren, wurde das dritte Strafgefangenenkontingent über die südlichen Meere nach Botany Bay verschickt. An Bord war Thomas Watling, der angeklagt war, „Guinee-Noten" gefälscht zu haben, und sich lieber zur Deportation bereit erklärt hatte, als das Risiko einzugehen, dass sein Verfahren womöglich mit dem Tod durch den Strick geendet hätte. Er erhielt eine 14-jährige Strafe, abzuleisten in Australien. Watling wurde in Dumfries in Schottland geboren, war recht gebildet, insbesondere in den Künsten, und führte einige Zeit seine eigene Kunstakademie. Er konnte sich im Hafen von Kapstadt absetzen, wurde aber von den Niederländern festgesetzt und nach New South Wales weitergeschickt, um dort seine Strafe zu verbüßen. In Port Jackson wurde er sofort dem Generalchirurgen der Kolonie, John White, einem eifrigen Amateurnaturforscher, zugewiesen. Watling war nur widerwillig für White künstlerisch tätig und nahm die Behandlung durch ihn und andere Beamte übel, auch wenn Zeichnen eine dem Steineklopfen oder Bäumefällen vorzuziehende Beschäftigung war. White missbilligte es, wenn Watling seine Zeichnungen signierte, dennoch trägt eine beträchtliche Zahl dessen Signatur. Man weiß nicht, ob sie Teil von Whites Sammlung waren oder in Watlings Besitz blieben und zu denjenigen gehörten, die er nach Wiedererlangen der Freiheit zu publizieren gedachte. Watling führte seine Zeichnungen wie die meisten frühen Künstler in Australien als Aquarelle oder mit Lavuren, Tinte oder Bleistift aus und konzentrierte sich auf Flora, Fauna und Landschaften der Region. Er fertigte auch einen Satz Bleistiftskizzen vom Volk der Eora – so der den Aborigines der Küstenregion von Sydney verliehene Name.

Die ersten Bildnisse von Aborigines von der Hand von Europäern variieren in Qualität und Genauigkeit. Die beim Zeichnen von Pflanzen und Tieren angewandte „Objektivität" wird unmöglich, wenn es um Menschen geht, mit denen der Künstler unweigerlich interagiert. So sind all diese Zeichnungen mit vorgefassten Vorstellungen über die indigenen Gesellschaften behaftet und manche Porträts wie etwa die von Richard Browne sind wenig mehr als Karikaturen. Watling und der unbekannte Künstler mit dem Behelfsnamen „Maler von Port Jackson" bemühten sich, ihre Beobachtungen aufzuzeichnen, indem sie Lebensweise und Artefakte der Aborigines darstellten. Watlings Skizzen bekannter Einzelpersonen verraten, trotz seiner Verachtung für diese, wie sie in seinen Briefen an seine Tante zutage tritt, einen wohlwollenderen Zugang. Watling verbüßte seine 14-jährige Haftzeit nicht ganz, da er 1797 begnadigt wurde. Er kehrte nach Dumfries zurück, wo er trotz Versuchen,

BRITISH MUSEUM
Z D
NATURAL HISTORY
A Native Wounded while asleep

RECHTS Ferdinand Bauer war in erster Linie Botanikmaler und -zeichner, aber wie seine zoologischen Arbeiten zeigen, war er auch ein wunderbarer Tierillustrator. Seine australischen Tiere stellen die ersten exakten Abbildungen einiger der Arten der südlichen Hemisphäre dar und enthalten detaillierte anatomische Teilansichten. Bei der ersten Lektüre von Beschreibungen des Schnabeltiers dachten viele Europäer, man erlaube sich einen Scherz mit ihnen, während andere glaubten, es mit dem Beweis für Promiskuität im Tierreich in einem unzivilisierten und barbarischen Land zu tun zu haben.

FERDINAND BAUER
Schnabeltier,
Ornithorhynchus anatinus
Aquarell, ca. 1801
513 x 329 mm

seinen Lebensunterhalt als „der Maler in der Stadt"[4] zu verdienen, nie sehr erfolgreich war. In späteren Lebensjahren war er darauf angewiesen, Mitglieder der Admiralität um Unterstützung anzugehen.

Die ersten professionellen regierungsfinanzierten Künstler gelangten 1801 mit der französischen und der britischen Expedition unter Nicolas Baudin respektive Matthew Flinders nach Australien. Beide Kapitäne hatten Weisung, die Küstenlinie von Australien zu kartographieren, und beide hatten Naturforscher und Künstler an Bord. Baudin befehligte zwei Schiffe, die *Naturaliste* und die *Geographe*, und zu seiner Besatzung gehörten der Naturkunde-Maler Charles Lesueur und der Anthropologe Nicolas Petit. Baudins Schiffe erreichten Australien im Mai 1801. Flinders befehligte die HMS *Investigator* und erreichte Australien im Dezember desselben Jahres. Die Expeditionen umsegelten den australischen Kontinent in gegenläufiger Richtung und trafen im April 1802 in der Encounter Bay, von Flinders nach diesem Ereignis so benannt, zusammen. Flinders hatte den Naturforscher Robert Brown, den Landschaftsmaler William Westall und den Naturgeschichtsmaler Ferdinand Bauer an Bord, alle drei ernannt von der britischen Admiralität. Landschaftsmaler waren immer schon anerkannt, da ihre Arbeit entscheidend für Navigation und Kartographie sein konnte. Naturgeschichtsmaler waren nicht ganz so geschätzt, wenngleich Bauer weit besser entlohnt wurde als der Wissenschaftler Robert

Brown. Die Bereitschaft von Seiten der Admiralität, das naturkundliche Element von Flinders' Reise zu unterstützen, bedurfte erst intensiver Lobby-Arbeit durch Sir Joseph Banks. Er überzeugte die Admiralität von der Wichtigkeit einer naturkundlichen Untersuchung der australischen Küstenlinie und seiner Argumentation kam ein Vergleich mit den in Frankreich stattfindenden Vorbereitungen für die Expedition unter Baudin zugute, der insgesamt 22 Wissenschaftler, Gärtner und Künstler an Bord seiner Schiffe hatte. Selbst mit Unterstützung der Admiralität musste Banks immer noch zusätzliche Mittel auftreiben, um die Stelle von Ferdinand Bauer zu bezahlen. Dies gelang ihm durch eine Zuwendung von 1.200 £ seitens der Ostindienkompanie im Austausch gegen Pflanzen, welche in den Gärten der Kompanie in Indien und anderswo angebaut werden konnten.

Ferdinand Bauer wurde im österreichischen Feldsberg, dem heutigen Valtice in der Tschechischen Republik, geboren. Er war der Sohn des Hofmalers des Prinzen von Liechtenstein, kannte seinen Vater aber kaum, der starb, als Ferdinand zwei Jahre alt war. Als Kinder erhielten Ferdinand und seine Brüder Unterricht im Sammeln, Pressen und Zeichnen von Pflanzen und er und zwei seiner Brüder sollten später Maler werden. Sein älterer Bruder Franz wurde zum ersten botanischen Maler und Zeichner in den Kew Gardens in England ernannt, mit einem Jahresgehalt von 300 £. Ferdinand,

der Jüngste, suchte seinen Lebensunterhalt als Künstler für Wissenschaftler und reiche Mäzene zu bestreiten. Er und Franz gelten heute als zwei der herausragendsten botanischen Künstler aller Zeiten. Goethe war bezaubert von Ferdinands Arbeit und beschrieb sie mit den Worten: „Die Natur ist offenbar, die Kunst versteckt, die Genauigkeit groß, die Ausführung mild".[5]

Bauers Zeichnungen von der Reise sind exquisite Meisterstücke wissenschaftlicher Schilderung. Er besaß ein gutes Verständnis der Pflanzenanatomie und -physiologie und konnte sich auf die Hilfe des brillanten Botanikers Robert Brown stützen, der auf der Reise an seiner Seite arbeitete. Zwei Jahre lang segelte die *Investigator* die Küstenlinie Australiens entlang, und während Flinders Messungen vornahm und Karten erstellte, pflegten Bauer und Brown sich weiter ins Landesinnere zu begeben. Bauers Kindheitstutor hatte ihn die Verwendung einer Farbskala mit über 140 Abstufungen gelehrt. Bis zu seiner Australienreise hatte er sie auf über 300 Abstufungen erweitert. So konnte er Skizzen mit Ziffern für die passende Farbe anfertigen, die er später unter komfortableren Umständen ausarbeiten konnte. Die Fertigstellung eines einzigen Aquarells nahm im Schnitt eine Arbeitswoche in Anspruch.

Die Schwierigkeiten bei der Bestandsaufnahme und beim Sammeln von Exemplaren in unbekanntem und oft gefährlichem Terrain wurden noch gesteigert durch die unbarmherzige Sommerhitze, die von allen ihren Tribut forderte. Hinzu kam das ständige Bemühen um die Instandhaltung des

Schiffs, welches schon zu Beginn der Reise in keinem guten Zustand gewesen war und bis Ende 1802 kaum noch eine „intakte Planke" hatte.[6] Bis Juni 1803 leckte die *Investigator* so stark, dass sie als irreparabel galt. Flinders beschloss, nach England zurückzukehren, um ein weiteres Schiff abzuholen und so seine Untersuchungen abschließen und die in Port Jackson zurückgebliebenen Besatzungsmitglieder nach Hause bringen zu können. Doch eine Katastrophe folgte der anderen. Sieben Tage, nachdem er Port Jackson verlassen hatte, lief sein Schiff HMS *Porpoise* auf ein Riff auf und Flinders musste die riskante Rückreise in einem kleinen Boot antreten. Er übernahm dann das Kommando auf der *Cumberland*, deren Zustand sich ebenfalls als derart desolat erwies, dass er auf Mauritius anlegen musste, welches unter französischer Kontrolle stand. Der Krieg zwischen Großbritannien und dem napoleonischen Frankreich war, was Flinders nicht wusste, im Mai des Jahres wieder aufgeflammt, und Flinders fand sich bald inhaftiert. Er verbrachte sechseinhalb Jahre als Gefangener auf Mauritius und erholte sich nach seiner Rückkehr nach England im Jahr 1810 nie mehr richtig von den Strapazen.

Ferdinand Bauer und der Botaniker Robert Brown blieben weitere zwei Jahre in Australien und arbeiteten zur Naturgeschichte von New South Wales. Sie unternahmen auch unabhängig voneinander ausgedehntere Expeditionen, Brown nach Tasmanien und Bauer zur 1788 kolonisierten und wie New South Wales als Strafkolonie dienenden Norfolkinsel. Beide kehrten 1805 nach England zurück,

OBEN Der Botaniker Robert Brown benannte diesen Baum nach Matthew Flinders, dem Kapitän der *Investigator*, auf der er und Bauer segelten. Die Skizzen für die Zeichnung wurden im September 1802 am Broad Sound in Queensland angefertigt, wo die beiden den Baum „in Blüte und mit reifen Kapseln" vorfanden.

FERDINAND BAUER
Krähenesche, *Flindersia australis*
Aquarell, 1802
520 x 353 mm

GEGENÜBER Charles Lesueur war erst 23, als er mit Kapitän Nicolas Baudin im Rahmen einer vierjährigen Expedition nach Australien segelte. Unter den vielen Zeichnungen, die Lesueur von dieser Reise produzierte, waren einige wunderbar zarte Aquarelle von Meeresorganismen, von denen manche in François Pérons Publikation über die Reise reproduziert wurden.

CHARLES LESUEUR
Zoophyten
Voyage de Découvertes aux Terres Australes, 1824
Handkolorierter Kupferstich
340 x 250 mm

doch ohne Willkommensfeier zur Begrüßung wie noch bei Humboldt im Vorjahr. Banks tat alles in seiner Macht stehende, um die Unterstützung der Admiralität zu gewinnen, damit sie ihre Arbeit an den vielen mitgebrachten Arten vollenden könnten. Doch hatte dieselbe Öffentlichkeit, welche Cook nach seinen Reisen nach Australien vergöttert hatte, jetzt neue Helden wie Admiral Nelson.

Während der ersten 50 Jahre der Besiedelung Australiens durch Weiße waren Kunstwerke, welche das Land, seine Naturgeschichte und seine Bewohner zeigten, für den europäischen Markt bestimmt. Bis zu den 1830ern gab es immer noch sehr wenige in Australien ansässige Künstler und viel erfuhr man über das Land aus der Produktion von besuchshalber dort weilenden Künstlern und Naturforschern. Einer von ihnen war John Gould, der zusammen mit seiner Frau Elizabeth und dem gemeinsamen Sohn Henry von 1838 an zwei Jahre auf Reisen durch Australien verbrachte, wobei sie Vögel sammelten und zeichneten. Bevor er nach Australien aufbrach, hatte Gould ein Werk über australische Vögel geplant. Bei seiner Rückkehr war das Paar für die Umsetzung jener frühen Ideen gerüstet und ihre Bemühungen resultierten in dem großartigen siebenbändigen Werk *The Birds of Australia*.

Erst mit einer wachsenden Anzahl an permanent in der Kolonie lebenden berufsmäßigen Künstlern wandelte sich der Zugang zur Darstellung der australischen Fauna und Flora allmählich. Dabei konnten nur wenige ausschließlich von ihrer Kunst leben. Einer, der über viele Jahre ein kärgliches Auskommen als Künstler bestreiten konnte, war Conrad Martens. Martens wurde 1801 in London geboren und beschloss als Jugendlicher, eine Laufbahn als Künstler einzuschlagen, wobei sein besonderes Interesse der Landschaftsmalerei galt. Im Alter von 32 Jahren sollte er nach Südamerika aufbrechen. Als er von einem Schiffskapitän auf der Suche nach einem Künstler hörte, stellte sich Martens vor und wurde von Captain FitzRoy für die HMS *Beagle* rekrutiert. Die *Beagle* lag zu der Zeit in Montevideo vor Anker und hatte England zwei Jahre zuvor mit dem Künstler Augustus Earle an Bord verlassen. Aber Earles Gesundheit versagte und er schied aus dem Dienst aus, um nach England zurückzukehren. Die *Beagle* verließ Montevideo am 6. Dezember 1833 mit Martens als Künstler. Bald produzierte er nicht nur Zeichnungen für FitzRoy, sondern unterrichtete auch mehrere Seemänner, unter ihnen Syms Covington, der Darwin als Gehilfe zugeordnet war. Martens blieb ein Jahr auf der *Beagle* und schuf in dieser Zeit ein ansehnliches Werk. Für Darwin wurde er zum Freund und Gefährten.

1835 reiste Martens nach Australien und ließ sich in Sydney nieder, wo er sich als Landschaftsmaler etablierte. In späteren Jahren reiste er in einige der Grenzstädte wie etwa Brisbane. Er vollendete schließlich über 70 Aquarelle als Auftragsarbeiten, wovon viele erhalten sind. Martens verbrachte den Rest seines Lebens in Australien und starb 1878. Ein Großteil seines Werks befindet sich in australischen Museen und Galerien und er gilt als einer der ersten Berufskünstler Australiens.

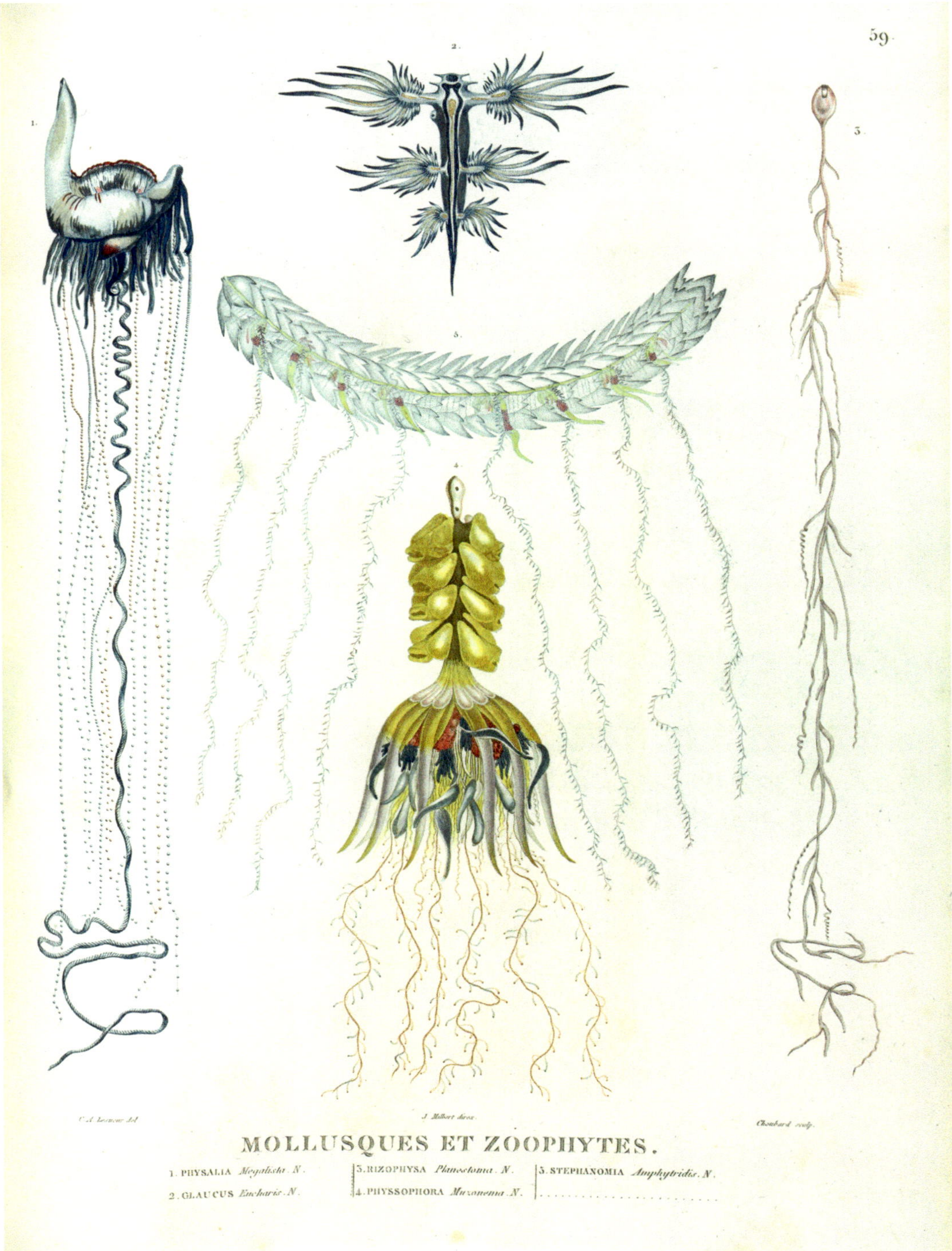
59.
1.
2.
3.
4.
5.
J. Milbert direx.
Choubard sculp.
MOLLUSQUES ET ZOOPHYTES.
1. PHYSALIA *Megalista*. N.
2. GLAUCUS *Eucharis*. N.
3. RIZOPHYSA *Planestoma*. N.
4. PHYSSOPHORA *Muzonema*. N.
5. STEPHANOMIA *Amphytridis*. N.

GEGENÜBER Sydney Parkinson vollendete seine Skizzen von australischen Pflanzen nie in Form von fertigen Aquarellen; vielmehr wurden sie von einem von fünf Künstlern gefertigt, die Joseph Banks nach seiner Rückkehr nach England beschäftigte. Die Mehrzahl dieser Aquarelle wurde von Frederick Nodder produziert, der neben Parkinsons Skizze jeweils ein Exemplar heranzog, die Beschreibungen von Banks oder Solander zur Entstehungszeit der Skizze und zuweilen auch eine lebende Pflanze.

SYDNEY PARKINSON
Goldene Passionsblume, *Passiflora aurantia*
Skizze mit Bleistift und Aquarell, ca. 1770
539 x 373 mm
Vollendetes Aquarell, 1780
541 x 373 mm

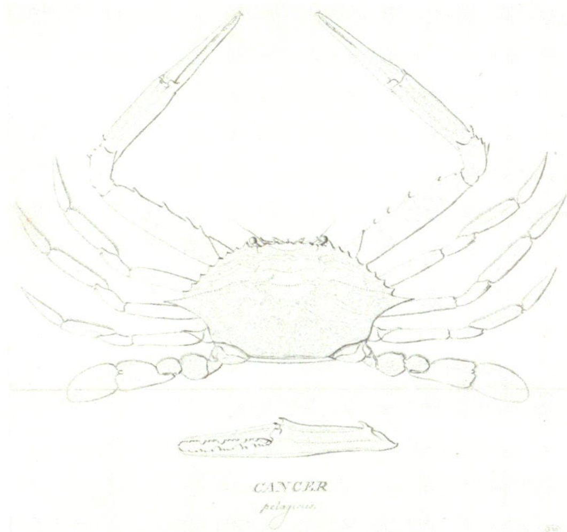

RECHTS Die obere Bleistiftskizze ist eine der wenigen Zeichnungen von der Reise der *Endeavour*, die nicht von Sydney Parkinson stammt. Der Künstler war der in Schweden gebürtige Herman Diedrich Spöring, Assistent von Daniel Solander. Seine Rolle bestand darin, die wissenschaftlichen Aufzeichnungen von Solander und Banks getreulich ins Reine zu bringen. Die Skizze unten ist eine der ersten bekannten europäischen Zeichnungen eines Kängurus. Parkinson fertigte sie im Juni 1770, als die *Endeavour* auf dem Fluss Endeavour nahe dem heutigen Cooktown, Queensland, zur Reparatur war. Auf der Rückseite steht in der Handschrift von Joseph Banks: „Kanguru".

HERMAN DIEDRICH SPÖRING
Blaue Schwimmkrabbe, *Portunus pelagicus*
Bleistift, ca. 1769
376 x 372 mm

SYDNEY PARKINSON
Känguru
Bleistift, [1770]
525 x 358 mm

LINKS Cooks zweite Reise führte nicht nach Australien, auch wenn das Schwesterschiff der *Resolution*, die *Adventure*, in Van-Diemens-Land vor Anker ging, dem heutigen Tasmanien. Es war vereinbart worden, dass sich die beiden Schiffe am Queen Charlotte Sound in Neuseeland treffen sollten, und sowohl hier als auch an der Dusky Bay sammelte und malte Forster die Flora und Fauna. Diese Zeichnung der Pimelea von der Hand von Forster entstand an der Dusky Bay.

GEGENÜBER Als sie im frühen Dezember des Jahres 1772 in die Gewässer des Südpolarmeers kamen, hielt Forster fest, sie hätten zum ersten Mal auf der Reise Pinguine und bald darauf Eisberge gesehen. Es war auch in diesen Breitengraden, wo sie das als Südlicht, *Aurora Australis*, bekannte Phänomen erblickten. Georg Forster fertigte im Laufe der Reise Malereien von sechs verschiedenen Pinguinarten. Johann Forster war der Erste, der den *Pygoscelis antarcticus* beschrieb, als sein Werk 1781 publiziert wurde.

GEORG FORSTER
Pimelea gnidia
Aquarell und Tinte, 1773
481 x 327 mm

GEORG FORSTER
Kehlstreifenpinguin,
Pygoscelis antarcticus
Aquarell, ca. 1773
481 x 341 mm

82.
Ge. Forster
Aptenodytes antarctica J. R. Forster in Commentat. Gotting. 3. p. 141. tab. 4.
this figure.

OBEN Cook besuchte das Königreich Tonga auf seiner zweiten Reise und gab ihm den Namen „die freundlichen Inseln". Auf der dritten Reise hielt er sich den ganzen Juli über auf den Inseln auf, was es Anderson und Ellis erlaubte, Exemplare zu sammeln und ziemlich weitreichende Beobachtungen anzustellen. Der auf dieser Zeichnung dargestellte Flughund ist auf vielen der Tonga-Inseln recht verbreitet. Er lebt in großen Kolonien und ist dafür bekannt, zwischen den Inseln zu wandern.

WILLIAM ELLIS
Flughund, *Pteropus*-Art
Aquarell, ca. 1777
190 x 286 mm

LINKS Bei seiner Rückkehr von Cooks letzter Reise publizierte William Ellis seinen Bericht von der Expedition in zwei Bänden. Eine kleine Anzahl ethnographischer Zeichnungen erschien in dem publizierten Werk, aber keine seiner Zeichnungen von Pflanzen, Tieren oder Vögeln wurde aufgenommen. 1785 beschrieb ein Bericht im *Gentleman's Magazine*, Ausgabe 55, wie Ellis nach dem Sturz vom Großmast eines Schiffs in Ostend gestorben war.

WILLIAM ELLIS
Schwarzgesicht-Raupenfänger,
Coracina novaehollandiae
Aquarell, 1777
245 x 170 mm

Bald nach der Ankunft der First Fleet in Sydney Cove, Port Jackson, wurde auf der Norfolkinsel eine zweite Strafkolonie etabliert. Im März 1790 segelten zwei Schiffe, die *Sirius* und die *Supply*, mit 280 Menschen an Bord dorthin. Nachdem die Männer, Frauen und Kinder an Land gegangen waren und ein Teil der Ladung gelöscht war, trieb die *Sirius* gegen ein Riff und wurde zerstört. Raper fertigte mehrere Zeichnungen von dem Wrack an.

GEORGE RAPER
Die Norfolkinsel mit dem Wrack der *Sirius*
Aquarell, 1790
337 x 490 mm

OBEN George Raper saß nach dem Schiffbruch der *Sirius* am 19. März 1790 für 11 Monate auf der Norfolkinsel fest. Dort vollendete er viele seiner Aquarelle von topographischen Szenerien und von Pflanzen und Tieren, darunter auch Fischen.

GEORGE RAPER
Großkopfschnapper,
Lethrinus miniatus
Aquarell, 1790
334 x 490 mm

GEGENÜBER Als dieser zum ersten Mal beobachtet wurde, dachte man, der Emu sei ein Strauß, aber wie viele Reisende bald feststellten, gab es noch mehr große flugunfähige Vögel, welche dieses neue Land bewohnten.

GEORGE RAPER
Großer Emu, *Dromaius novaehollandiae*
Aquarell, 1791
476 x 315 mm

EMU of PORT JACKSON. References.
1 A Body Feather of the Natural Size. 2 Its Egg 5 Inches by 3¾ from the only one yet seen

RECHTS Auf dem unteren Rand dieser Zeichnung steht geschrieben „Gna.na.gna. na“. Es könnte der bekannte Ureinwohner Gnunga Gnunga gemeint sein, Schwager von Bennelong und Freund des Balloderree.

MALER VON PORT JACKSON
Gna.na.gna.na
Aquarell, ca. 1788–1797
286 x 207 mm

LINKS Viele der Zeichnungen des Volks der Eora zeigen Körperschmuck, der sowohl Farbe als auch erhabene Vernarbungen umfasste. Ebenso dargestellt werden Zierelemente für Haare und Nase, außerdem Hals- und Kopfbänder sowie solche um die Hüften. Von vielen der Schmuckstücke weiß man, dass sie aus Tierknochen oder -zähnen sind.

MALER VON PORT JACKSON
Ein nach Art des Landes geschmückter Eingeborener von New South Wales
Aquarell, ca. 1788–1797
211 X 177 mm

GEGENÜBER „Der schwarze Schwan, von der Größe eines englischen Schwans. Name bei den Eingeborenen Mulgo". Mehrere der Männer der First Fleet berichteten, sie hätten lediglich die weißen Flügelspitzen dieses Vogels bemerkt, sobald er sich im Flug befand. Die meisten Kommentare dazu wurden 1788 verfasst, damals wurde wahrscheinlich auch das Bild fertiggestellt.

MALER VON PORT JACKSON
Trauerschwan,
Cygnus atratus
Aquarell, [1788]
243 x 193 mm

LINKS Dieser Eisvogel ist heute als Lachender Hans bekannt und in ganz Ostaustralien verbreitet. Die Beschriftung besagt: „Zwei Drittel der Lebensgröße. Name bei den Eingeborenen Goo-ge-na-gan."

MALER VON PORT JACKSON
Lachender Hans,
Dacelo novaeguineae
Aquarell, ca.1788–1797
220 x 163 mm

OBEN Eine Notiz erklärt, die Zeichnung sei „etwa in halber Lebensgröße. Jedoch gibt es in diesem Punkt erhebliche Unterschiede, denn man findet ebenso viel größere als auch viel kleinere. … Wie alle Eidechsen oder Guanas leben sie in Felsenlöchern, der Erde etc. etc. und Insekten sind ihre Nahrung."

THOMAS WATLING
Waran, *Varanus*-Art
Aquarell, ca. 1792–1797
122 x 349 mm

Tho: Watling, del.
BRITISH MUSEUM
NATURAL HISTORY

RECHTS UND GEGENÜBER

„In Lebensgröße. Dies ist ein seltener Vogel, wurde nur in einigen Lagunen gesehen. Eine Art des Avocetta. Name bei den Eingeborenen Antiquatich." Die naturkundlichen Zeichnungen und die diese begleitenden Anmerkungen liefern heutigen Forschern Erkenntnisse über die während der frühen Besiedelung der Region beobachteten Arten.

MALER VON PORT JACKSON
Rotkopf-Säbelschnäbler,
Recurvirostra novaehollandiae
Aquarell, 1788–1797
470 x 265 mm

MALER VON PORT JACKSON
Rotkopf-Säbelschnäbler,
Recurvirostra novaehollandiae
Aquarell, 1788–1797
203 x 146 mm

263.
BRITISH MUSEUM
NATURAL HISTORY
Z D
22 Inches from the extremities. This Bird is found along the
shores of the Sea coast. | American Avoset Latham Syn 5. p. 295. Pl 92

RECHTS „Dieser kleine Baum wächst bis zu einer Höhe von etwa acht oder zehn Fuß heran … Der Name bei den Eingeborenen ist Warratta." Watling war John White, dem Generalchirurgen der First Fleet, zugewiesen, der sich sehr für die Naturgeschichte Australiens interessierte. 1790 publizierte White sein *Journal of a voyage to New South Wales*, welches 65 kolorierte Tafeln von Pflanzen, Tieren, Vögeln und anderen Hervorbringungen der Natur enthielt. Die Illustrationen wurden von mehreren Künstlern angefertigt und man geht davon aus, dass Watling in seiner Wiedergabe der Tier- und Pflanzenwelt von deren Stil beeinflusst war.

THOMAS WATLING
Waratah, *Telopea speciossima*.
Aquarell, 1792–1797
366 x 218 mm

LINKS Jede dieser Zeichnungen ist von detaillierten Anmerkungen begleitet, welche Erscheinung, Habitat und von den Eora erhaltene Informationen wiedergeben. Für den Ameisenigel lauteten diese: „Einheimischer Name Burroo-gin- Die Eingeborenen haben mir gesagt, dass dieses Tier (das sehr scheu ist und sich mit größtem Geschick in der Erde verbergen kann, indem es ein Loch buddelt), obwohl wir es selten zu sehen bekommen, im Landesinneren recht zahlreich vorkommt; sie fügten hinzu, dass sie das Fleisch als große Delikatesse betrachten."

THOMAS WATLING
Kurzschnabel-Ameisenigel,
Tachyglossus aculeatus
Aquarell, 1792–1797
149 x 296 mm

THOMAS WATLING
Blattschwanzgecko,
Phyllurus platurus
Aquarell, 1792–1797
120 x 230 mm

THOMAS WATLING
Östliche Bartagame,
Pogona barbata
Aquarell, 1792–1797
175 x 296 mm

GEGENÜBER Dieses verblüffende Porträt von Balloderree gibt auch die markanten Muster wieder, mit denen sein Körper bemalt ist und welche für ihn eine persönliche Bedeutung hatten und anderen Informationen über ihn und seinen Clan vermittelten.

MALER VON PORT JACKSON
Balloderree
Aquarell, 1788–1797
285 x 210 mm

RECHTS Ein Bericht über diese Methode, Bäume zu besteigen, wurde im *Complete Account of the Settlement at Port Jackson* von Watkin Tench, einem britischen Marineoffizier, der mit der First Fleet segelte, publiziert.

MALER VON PORT JACKSON
„Methode zum Erklimmen von Bäumen"
Aquarell, 1788–1797
315 x 190 mm

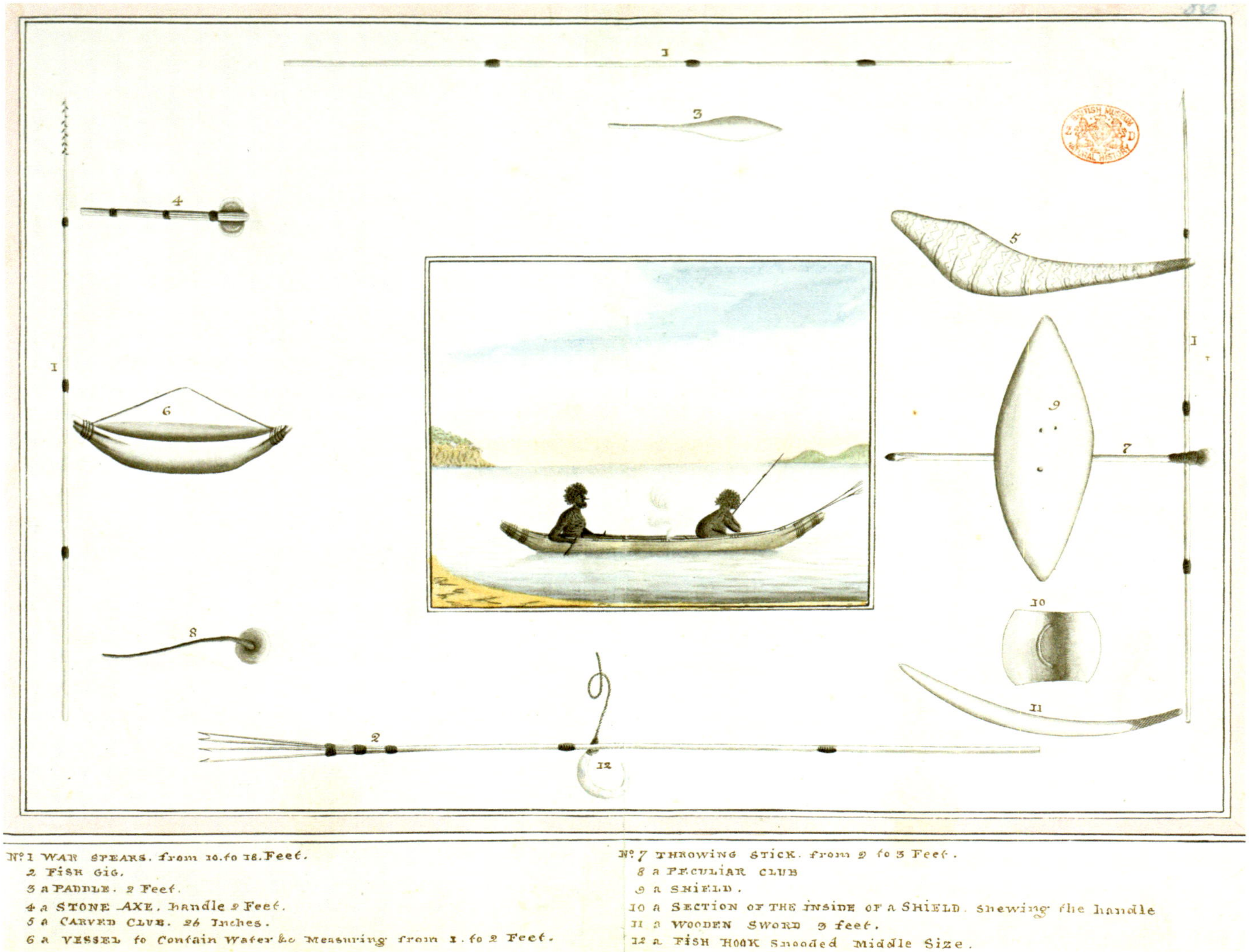
No. 1 WAR SPEARS. from 10. to 18. Feet.
2 FISH GIG.
3 a PADDLE. 2 Feet.
4 a STONE AXE. handle 2 Feet.
5 a CARVED CLUB. 26 Inches.
6 a VESSEL to Contain Water &c Measuring from 1. to 2 Feet.
No. 7 THROWING STICK. from 2 to 3 Feet.
8 a PECULIAR CLUB
9 a SHIELD.
10 a SECTION OF THE INSIDE OF A SHIELD. shewing the handle
11 a WOODEN SWORD 3 feet.
12 a FISH HOOK Snooded Middle Size.

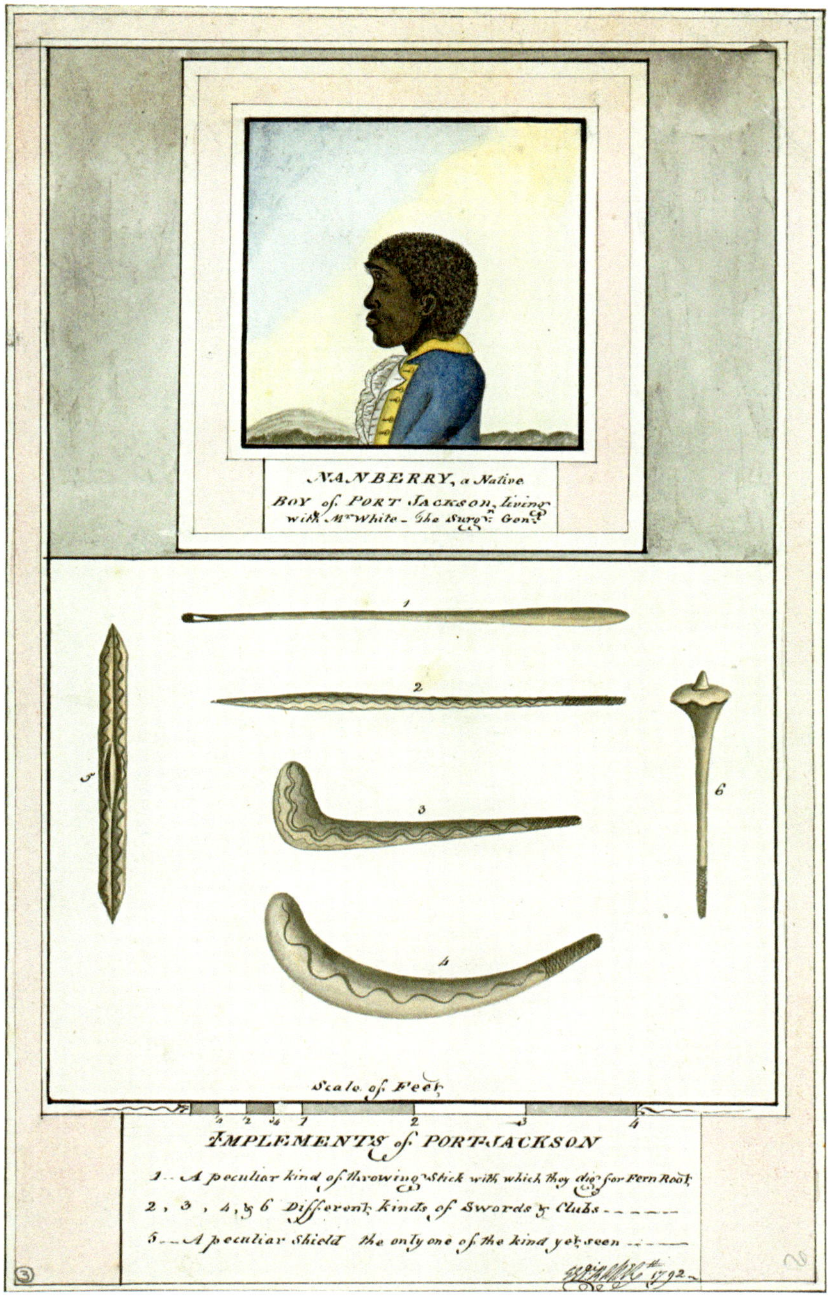

GEGENÜBER Zu den ethnographischen Zeugnissen über das Volk der Eora gehörten Porträts und Bilder von kulturellen Aktivitäten wie Zeremonien und Ritualen ebenso wie von Artefakten, die den Europäern ungewöhnlich erschienen. Die hier gezeigten Werkzeuge umfassen eine steinerne Axt, ein hölzernes Schwert, einen Wurfstock und Angelhaken.

LINKS „NANBERRY, ein eingeborener Knabe aus PORT JACKSON, der bei Mr. White – dem Surg.-n Gen.-l lebt". Nanberry kam im Alter von neun oder zehn in Mr. Whites Obhut. Er war aufgefunden worden, wie er seinen Vater pflegte, der bald danach an Pocken starb. Seine Mutter und seine Schwester waren ebenfalls an der Krankheit gestorben.

GEORGE RAPER
„Eingeborene beim Fischen in ihrem KANU. PORT JACKSON"
Aquarell, [1790]
320 x 295 mm

GEORGE RAPER
Nanberry
Aquarell, [1792]
318 x 195 mm

OBEN „Eine Frau aus New South Wales beim Heilen von Kopfschmerzen. Sie glaubt, das Blut, das von ihrem eigenen Zahnfleisch stammt, komme über die Schnur von dem beim Patienten betroffenen Körperteil. Diese Prozedur nennen sie Bee-an-mee."

MALER VON PORT JACKSON
„Eine Frau aus New South Wales beim Heilen von Kopfschmerzen"
Aquarell, ca. 1788–1797
217 x 342 mm

NÄCHSTE SEITE Dieses unsignierte Bild wird dem „Maler von Port Jackson" zugeschrieben. Thomas Watling vollendete eine Malerei mit demselben Motiv: Der Name der Schlange sei Mal-lea und sie sei „etwa drei Fuß lang". Bei vielen der Bilder handelt es sich um die erste Darstellung der jeweiligen Arten, von denen einige selten oder mittlerweile ausgestorben sind.

MALER VON PORT JACKSON
Rautenpython,
Morelia spilota
Aquarell, ca. 1788–1797
318 x 202 mm

RECHTS Die Zerstörung der Gemeinschaft der Aborigines in und um das heutige Sydney vollzog sich in kürzester Zeit. Innerhalb von zwei Jahren nach der Ankunft der First Fleet war nahezu die Hälfte der Bevölkerung Krankheiten wie den Pocken erlegen. Innerhalb eines Jahrzehnts war die Lebensweise des Volks der Eora fast verschwunden. Diese Bleistiftporträts von bekannten Einzelpersonen gehören zu den wenigen erhaltenen Zeugnissen über die Eora.

Im Uhrzeigersinn von oben links:
THOMAS WATLING
COLEBEE
Bleistift, ca. 1792–1797
206 x 112 mm

THOMAS WATLING
NANBREE
Bleistift, ca. 1792–1797
205 x 161 mm

THOMAS WATLING
DA-RING-HA, Colebees Frau
Bleistift, ca. 1792–1797
205 x 160 mm

THOMAS WATLING
Köpfe namentlich nicht bekannter Eora-Männer
Bleistift, ca. 1792–1797
310 x 192 mm

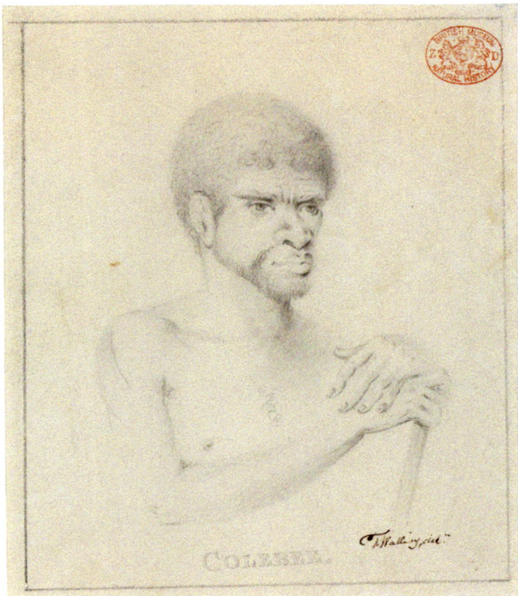

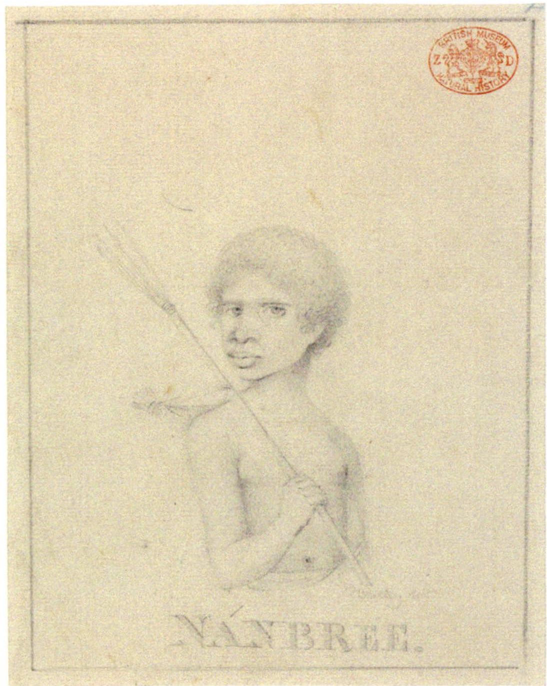

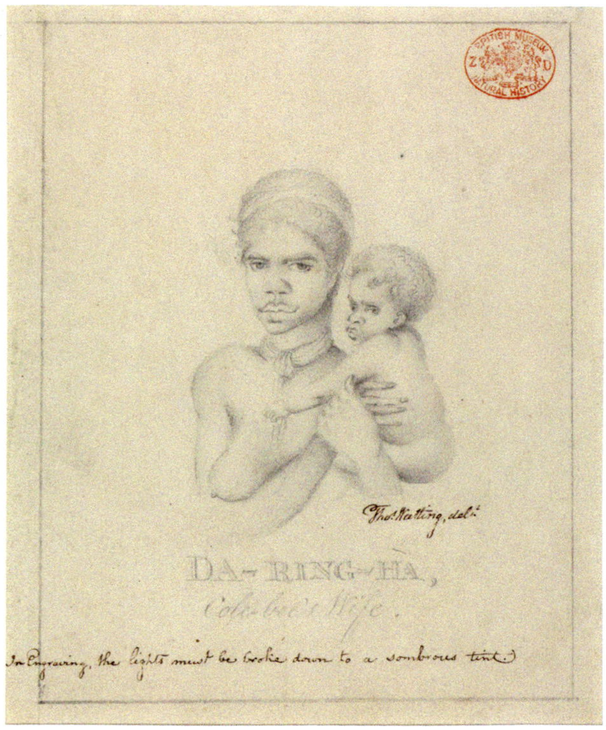

79

RECHTS *Birds of Australia*, von John Gould 1840–1848 in sieben Bänden publiziert, war eines der wenigen Projekte, in deren Rahmen viele der Vögel nach der Natur gezeichnet wurden. Die Expeditionen und Feldforschungen in Tasmanien und Südaustralien waren ausgedehnt und dauerten oft mehrere Monate am Stück. Beim Bereisen der schwächer besiedelten Regionen verließ sich Gould auf die Expertise der beiden Aborigines, die ihn begleiteten, und auf ihr Wissen über die Tier- und Pflanzenwelt. Traurigerweise starb Elizabeth Gould ein Jahr nach ihrer Rückkehr aus Australien und konnte nur 84 der 681 Tafeln vollenden. Das Werk gilt als ein wertvoller Beitrag zur australischen Ornithologie.

JOHN GOULD
Seidenlaubenvogel,
Ptilonorhynchus violaceus
Birds of Australia, 1848
Handkolorierte Lithographie
540 x 716 mm

HOLOSERICEUS: Kuhl

LINKS Martens war eher ein Landschaftsmaler als ein Naturkunde-Maler. Die meisten seiner Arbeiten sind also nicht wissenschaftlicher Natur. In einem seiner Vorträge erklärte er, der Zweck der Landschaftsmalerei bestehe darin, „die Wirkung, welche die Natur hervorruft", zu imitieren. Seine Erfahrungen während der Reise mit Charles Darwin auf der *Beagle* mussten in ihm Wertschätzung für die Wissenschaft geweckt und ihm den Stellenwert der Beobachtung nähergebracht haben.

CONRAD MARTENS
Colinton vom Wollschuppen aus gesehen
Bleistift und Kreide, 1860
320 x 525 mm

Asien

RUSSELL **ROXBURGH** FLEMING **WALLICH** HARDWICKE **HODGSON** SINGH

TONGE RUSSELL **ROXBURGH** FLEMING **WALLICH** HARDWICKE **HODGSON**

ASIEN:
Handel und Empire ~ Indien

DIE PRÄSENZ VON EUROPÄERN IN ASIEN umfasst eine lange Zeitspanne und war ursprünglich rein kommerzieller Natur. Bis zum 18. Jh. dominierten die Britische und die Niederländische Ostindienkompanie den gesamten Handel zwischen ihrem jeweiligen Land und Indien. Ein blühender Markt für alles Orientalische entwickelte sich in Europa und in den mondänsten und reichsten Kreisen war es nicht unüblich, indische Stoffe zu tragen oder chinesische Kämme im Haar, aus chinesischem Porzellan zu speisen oder Freunden Aquarelldrucke aus dem Osten vorzuführen. Einige der frühesten von Europäern stammenden Studien asiatischer Pflanzen waren jene des portugiesischen Arztes Garcia de Orta in Goa im 16. Jh. und der Niederländischen Ostindienkompanie im späten 17. Jh. Die Publikation des *Hortus Malabaricus* in 12 Bänden von 1678 bis 1703 war das Ergebnis fast 30-jähriger Forschungsarbeit. Er ist das Werk vieler Botaniker, Ärzte, Sammler und Künstler, Inder wie Europäer, und enthält Pflanzenbeschreibungen mit Illustrationen und Angabe der Heilwirkungen. Die Pflanzennamen sind in Latein, Sanskrit, Arabisch und Malayalam verzeichnet.

Bis zum späten 18. Jh. hatte die Britische Ostindienkompanie ihre Aktivitäten ausgeweitet und sich dabei nicht nur zu einer Handelsinstitution entwickelt, sondern auch zu einer militärischen und politischen Kraft. Sie wurde inoffizielle Vertreterin der britischen Regierung und mit der Ernennung des ersten Generalgouverneurs von Indien im Jahr 1773 verstärkte sich die Regierungskontrolle über die Kompanie. Eines der Hauptziele bestand darin, herauszufinden, wie die Naturschätze Indiens am besten ausgebeutet werden konnten, und dazu etablierte sie, unterstützt und ermutigt von Politikern und bedeutenden Naturforschern wie Sir Joseph Banks, mehrere botanische Gärten für wissenschaftliche Projekte und Experimente. Fachleute wurden eingesetzt, um die Arbeit der Gärten zu lenken, und die Kompanie finanzierte Expeditionen und Untersuchungen in ihrem gesamten Einzugsgebiet. Holz für den Schiffbau war sehr gefragt und im 19. Jh. bewirtschaftete die Kompanie Baumplantagen und Wälder. Medizinisch und wirtschaftlich wertvolle Pflanzen wurden gesucht und in den Gärten angebaut. Nahrungs- und Färbepflanzen sowie andere wirtschaftlich nutzbare Pflanzen, die man in andere Teile der Welt mit britischer Präsenz einführen konnte, wurden identifiziert, gleichzeitig wurden die Gärten genutzt, um neu nach Indien eingeführte Pflanzen dort zu akklimatisieren. Die Arbeit der

Botaniker und Naturforscher diente nicht nur den unmittelbaren Interessen der Kompanie, sondern trug auch zum europäischen Wissensbestand über den Osten bei und zur Naturkunde insgesamt.

Einer der ersten von der Ostindienkompanie rekrutierten Naturforscher war ein Schüler von Linné, der in Deutschland geborene Johann Koenig. Er reiste auf eigene Faust nach Indien und arbeitete zunächst als Naturforscher für den indischen Prinzen, den Nawab von Arcot, bevor er 1778 von der Kompanie angestellt wurde. Koenig freundete sich eng mit Patrick Russell an, der an der Universität Edinburgh Medizin studiert und Teile des Mittleren Ostens bereist hatte, bevor er in Indien ankam. Russell war ein begeisterter Herpetologe und gab Zeichnungen vieler der von ihm studierten Schlangen in Auftrag. Er war der erste Europäer, der in Indien harmlose von giftigen Schlangen unterschied, und war ebenso an anderen Teilgebieten der Zoologie und an Botanik interessiert. 1786 schlug Russell vor, ein Buch über die Pflanzen der Region für die Bediensteten der Kompanie zu veröffentlichen, ein Projekt, dem Sir Joseph Banks seine volle Unterstützung zukommen ließ.

Das Werk über die Pflanzen der südostindischen Koromandelküste wurde, nachdem Russell die Kompanie verlassen hatte, unter Aufsicht eines schottischen Landsmanns, des Naturforschers William Roxburgh, publiziert. Wie Russell hatte Roxburgh an der Universität Edinburgh Medizin studiert, außerdem Botanik bei John Hope am Edinburgh Botanic Garden. Er folgte Russell als Naturforscher für die Madras-Regierung nach und wurde dann 1793 zum Leiter des Calcutta Botanical Garden ernannt. Dies war der erste botanische Garten der Kompanie, eröffnet 1789, und in Sibpur, knapp außerhalb von Kalkutta, gelegen.

Roxburgh blieb 20 Jahre lang Leiter des Botanischen Gartens und gilt als Vater der indischen Botanik. Unter seiner Leitung entwickelte sich der Garten zu einer führenden wissenschaftlichen Institution, wo man Pflanzenexperimente durchführte und die indische Flora systematisch dokumentierte. Nach Einrichtung des Botanischen Gartens am Kap der Guten Hoffnung fand ein regelmäßiger Austausch von Pflanzen zwischen Indien und Südafrika statt. Roxburgh initiierte auch ein Programm zur bildlichen Dokumentation vieler botanischer Arten. Er beschäftigte eine Reihe von indischen Künstlern, die in der Mughal-Kunst ausgebildet waren, um Aquarelle der Pflanzen im Garten oder solcher, die von Expeditionen mitgebracht wurden, anzufertigen. Indische und chinesische Künstler kannten eine lange Tradition der Pflanzen- und Tierdarstellung, weswegen die Beamten der Kompanie dazu übergingen, lokale Künstler anzustellen, statt europäische anzuwerben. Diese Praxis setzte sich bis zum Niedergang der Kompanie fort.

THOMAS HARDWICKE COLLECTION [J. Hayes]
Buccinum Harpa, Mollusca and Radiata of India
Aquarell, ca. 1820
265 x 220 mm

Bignonia stipulata R.

Die Anleitung der Künstler variierte, aber die meisten wurden in westlichen Konventionen der Pflanzendarstellung unterrichtet. Ziel der Unterweisung war es, wissenschaftliche Illustrationen zu schaffen, wobei die der Fortpflanzung dienenden Teile der Pflanze oft vergrößert dargestellt wurden, um die Bestimmung zu ermöglichen. Im Garten von Kalkutta betraute Roxburgh seinen Sohn John damit, die indischen Künstler zu instruieren. Als das naturkundliche Wissen über Indien zunahm, wurde der Wissenschaft mehr Unterstützung durch die Kompanie und die Regierung zugebilligt. Dies war jedoch eine auf Gegenseitigkeit beruhende Beziehung, kam doch der Wissenschaft eine entscheidende Rolle als Unterstützerin und Förderin des Empire zu. Botanische und geographische Erhebungen und Kenntnisse über landwirtschaftlich und anderweitig wirtschaftlich nutzbare Pflanzen boten jenen Informationen, die mit der politischen Kontrolle der Gebiete betraut waren.

1817 übernahm Nathaniel Wallich die Leitung des Calcutta Garden. Geboren in Kopenhagen, hatte der Arzt Wallich sich der dänischen Siedlung in Serampore in Bengalen angeschlossen. Zwei Jahre später übernahmen die Briten, die sich mit Dänemark im Krieg befanden, die Kontrolle über Serampore und Wallich wurde zum Kriegsgefangenen. Glücklicherweise hatte er sich bereits einen Namen als Botaniker gemacht, so dass sich Roxburgh für seine Freilassung einsetzte und es so einrichtete, dass er sein Assistent im Garten von Kalkutta wurde. 30 Jahre lang war Wallich dessen Leiter, nahm dann aber, überschattet von einem erbitterten Konflikt, der für viele Jahre zwischen ihm und einem jungen und talentierten Botaniker namens William Griffith geschwelt hatte, seinen Abschied. Trotz dieser Rivalität war einer ihrer gemeinsamen Erfolge eine Expedition, die zur Entdeckung der in Assam wachsenden Teepflanze führte. Wallich setzte die Praxis fort, lokale Künstler mit dem Zeichnen der entdeckten Pflanzen zu beauftragen. Er unterrichtete die indischen Künstler auch im Kupferstechen, und als die erste Lithographie-Presse Indien erreichte, wurden seine Künstler auch in diesem Prozess unterwiesen.[1]

Die Kompanie unterhielt noch drei weitere Gärten in Indien, einen in jeder der Provinzen der Kompanie, und auch sie brachten einen großen Reichtum an botanischen Darstellungen hervor. Am bemerkenswertesten waren die Zeichnungen im Auftrag von John Forbes Royle, der 1823 die Leitung des Gartens von Saharunpore übernahm.

Bei der Einrichtung der Gärten der Kompanie in Indien lag der Schwerpunkt auf der Botanik, aber es gab auch Angestellte, deren Hauptinteresse der Zoologie galt, so z.B. Thomas Hardwicke, der 1778 im Alter von 22 in den militärischen Dienst eintrat. Bis zum Jahr 1819 hatte er es zum Rang eines Generalmajors gebracht und von 1820 an war er bis zu seiner Pensionierung im Jahr 1823 Kommandant der Artillerie. Während seiner Zeit in Indien und auf dem Subkontinent trug er eine große und wundervolle Sammlung naturgeschichtlicher Exemplare zusammen und setzte seine Sammeltätigkeit auch im Ruhestand in London fort. Seine Schenkung an das Britische Museum umfasste seine Bücher,

GEGENÜBER Indem er einen lokalen Künstler beschäftigte, um diese Pflanze zu zeichnen, setzte Nathaniel Wallich die von seinem Vorgänger William Roxburgh begonnene Praxis fort. Wallich initiierte auch die Öffnung der Gärten für Besucher, die zwischen den Blumenbeeten umherwandeln und auf dem Rasen ein Picknick veranstalten konnten.

NATHANIEL WALLICH COLLECTION
Markhamia stipulata
Aquarell, ca. 1830
480 x 336 mm

GEGENÜBER Thomas Hardwicke beschäftigte viele Profi- und Amateur-Künstler, um Zeichnungen der indischen Fauna anzufertigen. In der Mehrzahl sind sie unbekannt, aber manche der Zeichnungen tragen die Signatur JH oder J. Hayes. Man weiß wenig über Hayes, außer dass er sich zwischen 1815 und den späten 1820ern in Bengalen und im Botanischen Garten von Kalkutta aufhielt, wobei sein Name darauf hindeutet, dass er ein in Indien arbeitender Europäer war.

Im Uhrzeigersinn von oben links:
THOMAS HARDWICKE COLLECTION [J. Hayes]
Kopf einer Grille
Drawings of Insects from Bengal and other parts of India
Aquarell und Tinte, ca. 1820
182 x 276 mm
Drawings of Mandibulata Insects of India
Aquarell und Tinte, 1821
264 x 194 mm
Skarabäus
Drawings of Mandibulata Insects of India
Aquarell und Tinte, 1822
250 x 202 mm
Drawings of Mandibulata Insects of India
Aquarell und Tinte, [1821]
225 x 178 mm

Zeichnungen – mehr als 59 Bände –, Sammlungen von Vierbeinern, Tierhäute, in Alkohol präparierte zoologische Exemplare und Mineralien-, Gesteins-, Fossilien- und Muschelkabinette. Der größte Teil seiner Sammlung bestand aus Vögeln aus aller Welt. Vor seinem Tod im Jahr 1835 publizierte Hardwicke zwei Bände der *Illustrations of Indian Zoology*, bestehend aus 202 Farbtafeln aus seiner Kunstsammlung. Hardwicke war, wie die meisten in Diensten der Kompanie, die Sammlungen mit Zeichnungen schufen, nicht der Ausführende. Seine Werke stammten von einer ganzen Schar von Künstlern, die für ihn zeichneten, hinzu kamen Zeichnungen, die ihm interessierte Personen schickten, welche diese auf ihren Reisen oder im Rahmen einer Stationierung in anderen Teilen Asiens erworben hatten.

Ein ebenso enthusiastischer Zoologe und Sammler war Brian Hodgson, der im zarten Alter von 15 für seine Ausbildung als künftiger Beamter der Kompanie an das Haileybury College ging. Nach zwei Jahren dort reiste er nach Kalkutta, um seine Ausbildung in Fort William zu vervollständigen, wo er bei dem politischen Ökonomen Thomas Malthus studierte. Aufgrund gesundheitlicher Probleme wurde er in Nepal stationiert und verbrachte den Großteil seines Lebens dort, wobei er zum Britischen Kolonialverwalter aufstieg, bevor er sich 1844 aus dem aktiven Dienst zurückzog und nach England zurückkehrte. Hodgson war ein ausgezeichneter Linguist und bewandert in Bengalisch, Persisch, Hindi, Nepali und Newari. Er hatte ein wissenschaftliches Interesse an buddhistischen Schriften und sämtlichen Aspekten der Naturkunde, wobei er sich insbesondere in der Ornithologie hervortat. Er schrieb eine Vielzahl zoologischer Abhandlungen und ist für die Beschreibung von mindestens 150 Vogelarten verantwortlich. Hodgsons Interesse für Vögel erstreckte sich auf das Sammeln von Zeichnungen ebenso wie von Exemplaren. Er schrieb an seine Schwester Fanny, er beschäftige „ständig drei eingeborene Künstler mit Zeichnungen nach der Natur".[2] Er hielt sich auch einen lebendigen Tiger, vier Bären und drei Zibetkatzen in seiner Menagerie. Die Zahl der Zeichnungen in seiner Sammlung ging schließlich in die Tausende, ebenso umfangreich war seine zoologische Sammlung.

Hodgson reiste 1845 als Privatmann zurück nach Indien und ließ sich in Darjeeling nieder, an der Grenze zwischen Britisch-Indien und Sikkim. Hier widmete er sich dem Studium der Zoologie des Himalayas und der ethnographischen Unterschiede in der Bevölkerung Nordindiens ausgehend von der Sprache. Er war dagegen, Englisch zur Hauptunterrichts- und Verwaltungssprache zu machen, und verteidigte den Gebrauch der Landessprache. Während seiner Jahre in Nepal assimilierte sich Hodgson zunehmend. Er übernahm nepalesische Kleidung und verzichtete auf Fleisch und Alkohol. Dies waren auch die Jahre, in welchen europäische Frauen nicht nach Nepal durften. So überrascht es nicht, dass die Mutter seiner zwei, vielleicht auch drei Kinder eine ortsansässige nepalesische Frau namens Meharrunisha Begum war. 1858 verließ Hodgson Indien endgültig und ließ sich in England nieder, wo er für weitere sehr aktive 34 Jahre lebte.

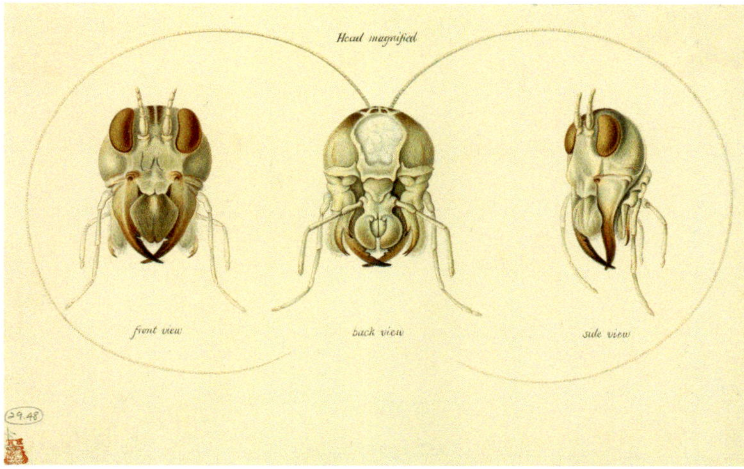
Head magnified
front view
back view
side view

120
Magnified

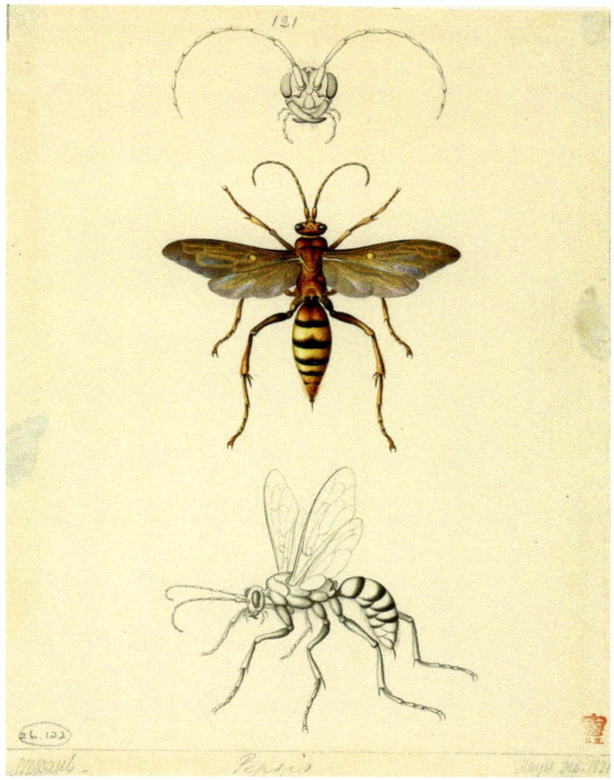
121

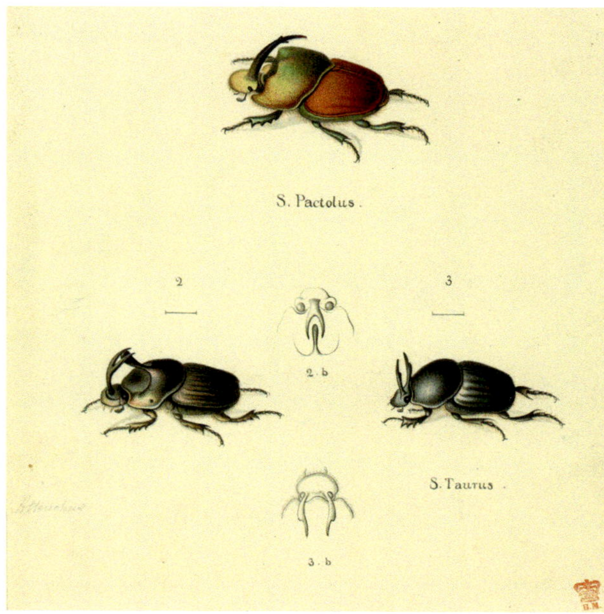
S. Pactolus.
2
3
2. b
S. Taurus
3. b

RECHTS Brian Hodgson war ein Vorkämpfer bei der Erforschung der nepalesischen und tibetischen Fauna. Er publizierte Aufsätze über verschiedene zoologische Themen und auf ihn geht die Entdeckung von insgesamt 22 neuen Säugetierarten und 80 Vogelarten zurück. Er erforschte zudem Insekten, Reptilien und Fische.

BRIAN HOUGHTON HODGSON COLLECTION
Panzernashorn,
Rhinoceros unicornis
Bleistift und Aquarell,
ca. 1850
284 x 470 mm

Einer der berühmteren unter den Besuchern, die Hodgson in Darjeeling empfing, war Joseph Dalton Hooker, enger Freund von Charles Darwin, Briefpartner von Alexander von Humboldt und Sohn des Botanikers Sir William Hooker, des Direktors der Royal Botanic Gardens in Kew. Schon früh hatte Hooker den Vorlesungen seines Vaters beigewohnt und ein lebhaftes Interesse für Botanik entwickelt. Ihn fesselten auch die Erzählungen von den Entdeckungsreisen Captain Cooks und der *Beagle*-Reise von Darwin und wie andere zuvor träumte er davon, Teil einer Expedition in unbekannte Weltgegenden zu sein. Bald nach seinem Studienabschluss als Mediziner an der Universität Glasgow schloss er sich dem Naval Medical Service an und begleitete James Clark Ross auf einer Antarktis-Expedition auf der HMS *Erubus*, die ihn nach Südamerika, Südafrika, Australien und Neuseeland führte. Seine aus diesen Reisen resultierende Arbeit sicherte ihm die Anerkennung seiner Kollegen und 1847 wurde er Fellow der Royal Society. Im selben Jahr erhielt er für zwei Jahre ein Stipendium der Staatskasse, um als erster Europäer für die Kew Gardens Pflanzen des Himalaya-Gebirges zu sammeln. Hooker verbrachte letztlich drei Jahre dort. Er nahm die Einladung von Hodgson an, bei ihm in Darjeeling zu bleiben, und erreichte 1848 dessen Wohnsitz. Von dort aus unternahm Hooker in den nächsten zwei Jahren

Expeditionen tief nach Nepal und Sikkim hinein und überquerte sogar die Grenze nach Tibet, ein Unternehmen, das den Rajah von Sikkim verärgerte, der ihn prompt verhaften ließ. Seine Freilassung konnte nur durch eine Interventionsdrohung vonseiten des britischen Militärs erreicht werden.

Hooker empfand die Flora der Gegend als spektakulär und die Rhododendren berührten ihn derart, dass er über sie ein wunderbares Buch mit kolorierten Tafeln verfasste. Die Veröffentlichung führte zu einer großen Nachfrage nach den Pflanzen, die bald eine beliebte Erscheinung in viktorianischen Gärten wurden. Die Zeichnungen in Hookers *Himalayan Journals* waren seine eigene Arbeit, während die auf seinen Skizzen basierenden handkolorierten Lithographien von Rhododendren von dem schottischen Künstler Walter Hood Fitch stammten. Hooker folgte seinem Vater als Direktor der Royal Botanic Gardens in Kew nach und wurde als einer der herausragendsten Botaniker seiner Zeit geschätzt.

Obwohl von der Ostindienkompanie bezahlte indische Künstler den Großteil der naturkundlichen Kunst ausführten, gibt es auch eine kleine, aber bedeutende Gruppe von Reisenden, Entdeckern oder zeitweiligen Bewohnern der Region, die zur Wissenschaft und deren Illustration beitrugen. Dazu gehört eine Anzahl versierter Zeichenkünstlerinnen, die oft über hervorragende Kenntnisse der lokalen naturkundlichen Gegebenheiten verfügten. Margaret Fountaine wurde in Norwich, England, geboren und reiste 1912 nach Indien, nachdem sie Jahre mit der Erkundung von Teilen Afrikas, des Mittleren Ostens und Mittelamerikas zugebracht hatte. Ihre Hauptleidenschaft war das Studium von Schmetterlingen. Im Laufe ihres Lebens sammelte sie mehr als 22.000 Exemplare, während sie außerdem eine Reihe wundervoller Skizzenbücher zum Lebenszyklus verschiedener Arten hervorbrachte. Eine andere englische Künstlerin, die fünf Jahre durch Indien reiste, war Olivia Tonge. Mit 50 brach sie auf, um alle exotischen Tiere, die ihr begegneten, zu studieren und zu zeichnen. Während ihrer Zeit in Indien hielt sie sich Haustiere, darunter ein junges Krokodil, das sie Cupid taufte, und „ein kleines Dschungel-Stachelschwein". Diese Naturforscherinnen werden oft als Exzentrikerinnen abgetan, aber ihre Einsichten in die Welt der Natur standen denen vieler derjenigen Männer in nichts nach, die in Wissenschaftskreisen weithin Bekanntschaft erlangten und als seriöse Wissenschaftler galten.

SNOW BEDS AT 13,000 FT. IN THE TH'LONOK VALLEY, WITH RHODODENDRONS KINCHINJUNGA IN THE DISTANCE.

OBEN Dies ist eine von mehreren Skizzen, die Hooker während seiner Expedition nach Nordindien anfertigte.

JOSEPH DALTON HOOKER
Schneefelder in 4.000 m Höhe
Himalayan Journals, 1854
Lithographie
183 x 117 mm

162

GEGENÜBER UND OBEN Der *Hortus Malabaricus* ist ein wunderbares Beispiel früher botanischer Illustrationen aus dem 17. Jh., vor Linné also mit seinem auf den Fortpflanzungsmerkmalen von Pflanzen basierenden Klassifikationssystem. Die Kupferstiche waren handkoloriert und machen zusammen 794 Seiten an Illustrationen aus. Der *Hortus* blieb bis zum späten 18. Jh. das maßgeblichste Werk zur indischen Flora.

HORTUS MALABARICUS
Nachtschattengewächs
Aquarell, 1750
413 x 280 mm

PATRICK RUSSELL
Grüne Peitschennatter,
Ahaetulla prasina
An account of Indian Serpents collected on the coast of Coromandel, 1796
Handkolorierter Kupferstich
515 x 360 mm

PATRICK RUSSELL
Streifenruderschlange,
Hydrophis cyanocinctus
An account of Indian Serpents collected on the coast of Coromandel, 1796
Handkolorierter Kupferstich
515 x 360 mm

GEGENÜBER UND LINKS

Patrick Russell interessierte sich für alle Aspekte der Naturkunde. Er sammelte botanische und zoologische Darstellungen und präparierte außerdem auf Papier gespannte Schlangenhäute wie in dem Beispiel links. Er schrieb das Vorwort zu Roxburghs *Plants of the Coast of Coromandel* (1795) und publizierte seine eigenen Arbeiten über Fische und Reptilien derselben Region. Die Zeichnungen für sein Werk über Schlangen stammten von mehreren Künstlern, darunter auch Alexander Russell, der alle Illustrationen für den zweiten Band unternahm.

PATRICK RUSSELL COLLECTION
Gelbgebänderter Krait, *Bungarus fasciatus*
Schlangenhaut und Firnis, ca. 1790
525 x 390 mm

LINKS UND OBEN William Roxburgh gilt als eine der wichtigsten Figuren der indischen Botanik. Seine Beschreibungen von Pflanzen und die Betreuung der von indischen Künstlern zu Beginn des 19. Jhs. ausgeführten Illustrationen bildeten die Grundlage für die gesamte taxonomisch orientierte Forschung in der indischen und südostasiatischen Botanik der nächsten 50 Jahre. Mehr als 2.500 Aquarellbilder wurden unter seiner Leitung hergestellt, darunter von der oben gezeigten *Allophylus*-Art und vielleicht von der *Soymida* links, die Teil einer vielseitigen Sammlung indischer Zeichnungen ist.

INDIAN COLLECTION
Zedrachgewächs
Soymida febrifuga
Aquarell, ca. 1800er
410 x 498 mm

WILLIAM ROXBURGH COLLECTION
Allophylus racemosus
Aquarell, ca. 1805
460 x 308 mm

RECHTS John Fleming war Arzt in der Ostindienkompanie. Nach dem Tod von Colonel Kyd, dem Leiter des Calcutta Garden, im Mai 1793, wurde Fleming übergangsweise die Leitung übertragen, bis William Roxburgh im November den Posten auf permanenter Basis übernahm. Roxburgh sorgte dafür, dass viele seiner Aquarelle kopiert und seinen Freunden überreicht wurden, zu denen auch John Fleming gehörte. Fleming besaß schließlich eine Sammlung von über 1.000 Pflanzenbildnissen, darunter auch diese Zeichnung des *Hibiscus cannabinus*.

JOHN FLEMING COLLECTION
Kenaf, *Hibiscus cannabinus*
Aquarell, ca. 1795–1805
457 x 312 mm

LINKS Dieses verblüffende „Porträt" der nachts blühenden Zwerglotusblume ist ein weiteres Bild aus der Sammlung von Fleming. Diese Lotus-Art ist von wirtschaftlichem Nutzen, da ihre Wurzeln und Samen essbar sind. Die Zeichnung wurde in Roxburghs *Plants of the Coast of Coromandel* aufgenommen.

JOHN FLEMING COLLECTION
Zwerglotusblume,
Nymphaea rubra
Aquarell, ca. 1795–1805
470 x 301 mm

RECHTS Die Tindola oder Große Scharlachranke ist in den Tropen weit verbreitet. Sie ist eine wirtschaftlich nutzbare Pflanze, die in Indien kultiviert und hauptsächlich als Nahrungspflanze genutzt wird, v.a. die süßen Früchte werden verwendet. Sie hat aber auch medizinische Eigenschaften.

JOHN FLEMING
COLLECTION
Große Scharlachranke,
Coccinia grandis
Aquarell, ca. 1795–1805
457 x 295 mm

GEGENÜBER Der Botanische Garten in Saharunpore in Nordindien war einer von vier Gärten der Ostindienkompanie. Mehrere Leiter des Gartens beschäftigten Künstler, um die Pflanzen zu illustrieren, welche von den Sammelexpeditionen, insbesondere im Himalaya, in den Garten gebracht wurden. Die *Passiflora kermesina* ist ein Beispiel für diese Zeichnungen, aber anders als die meisten der Pflanzen, die in Indien heimisch waren, stammte diese Pflanze aus Brasilien und wurde aus Europa in den Garten eingeführt.

SAHARUNPORE GARDEN COLLECTION
Passionsblume, *Passiflora kermesina*
Aquarell, ca. 1850
463 x 304 mm

LINKS Die zahlreichen Zeichnungen von Gliederfüßern in Thomas Hardwickes Sammlung sind besonders für ihre exquisite Schönheit und ihre absolute Genauigkeit und Detailtreue bekannt. Viele der Bilder, wie jenes dieser Vogelspinne, wurden von dem Künstler produziert, der uns nur als J. Hayes bekannt ist.

THOMAS HARDWICKE COLLECTION [J. Hayes]
Spinne
Aquarell, ca. 1820
272 x 203 mm

OBEN Die Mehrzahl der zoologischen Zeichnungen wurde von toten Exemplaren gefertigt, aber von manchen der Tiere weiß man, dass sie lebendig waren, so das hier dargestellte Chamäleon, das sich im Botanischen Garten von Kalkutta befand. „Das Tier wird in dieser Farbe gezeigt als einer der verschiedenen Abstufungen, in denen es sich – wenn es im Garten war – zeigte."

GEGENÜBER Hardwickes Sammlung mit Zeichnungen war der seiner Exemplare ebenbürtig. Über 800 Zeichnungen von Insekten aus allen Regionen Asiens trugen zum Aufbau einer der berühmtesten zoologischen Sammlungen des 19. Jhs. vom indischen Subkontinent bei.

THOMAS HARDWICKE COLLECTION
Indisches Chamäleon,
Chamaeleo zeylanicus
Aquarell, 1819
237 x 414 mm

THOMAS HARDWICKE COLLECTION
Gottesanbeterin
Aquarell, ca. 1820
331 x 267 mm

80
26.81
BRITISH MUSEUM

RECHTS Das Stachelschwein in dieser großartigen Darstellung ist mit einem Drittel seiner tatsächlichen Lebensgröße wiedergegeben. Es handelt sich um eine der Zeichnungen, die von Benjamin Waterhouse Hawkins für John Edward Grays *Illustrations of Indian Zoology*, publiziert 1830–1834, ausgewählt und kopiert wurden. Die Lithographie von Hawkins vermag Reichtum und Tiefe des Originalaquarells nicht einzufangen.

THOMAS HARDWICKE COLLECTION
Gewöhnliches Stachelschwein, *Hystrix cristata*
Aquarell, 1823
270 x 425 mm

Hystrix Cristata
Common Porcupine
1/3d. the Nat: Size

GEGENÜBER Die Anmerkungen zu vielen von Hodgsons Fledermaus-Zeichnungen beinhalten nicht nur die Größe, sondern auch das Gewicht. Hodgson war bei vielen Naturforschern hoch angesehen, darunter Darwin und Sir Joseph Hooker, der eine Rhododendron-Art nach ihm benannte.

BRIAN HOUGHTON HODGSON COLLECTION
Flughund, *Pteropus*-Art; Hodgson-Fledermaus, *Myotis formosus*; Südasiatische Bartfledermaus, *Myotis muricola*
Aquarell, ca. 1850er
285 x 490 mm

OBEN Hodgson besaß eine der größten Sammlungen von indischen Vogelarten. Manche davon wurden von ihm selbst gesammelt, aber er griff auch stark auf nepalesische Trapper zurück. Neben der wissenschaftlichen Beschreibung lieferte Hodgson Details zu Verhalten und Habitat einer Art.

BRIAN HOUGHTON HODGSON COLLECTION
Tannenhäher, *Nucifraga caryocatactes*
Aquarell und Bleistift, ca. 1850er
290 x 470 mm

Capra Quadrimammis nob. mas.
The Jharal or Serow or Hemalay.
Extra Sheet XLVII

LINKS Der Himalaya-Tahr ist überall im Himalaya, von Nordindien bis Tibet, heimisch und besonders an das Leben in den schroffen Bergen angepasst. Diese Zeichnung zeigt eine Familie von Tahren, das Männchen mit seiner typischen markanten Mähne und das einzige Junge, das bis zu zwei Jahre bei der Mutter bleibt.

BRIAN HOUGHTON HODGSON COLLECTION
Himalaya-Tahr,
Hemitragus jemlahicus
Aquarell, ca. 1850er
284 x 470 mm

OBEN Von wenigen der indischen Künstler, die beschäftigt wurden, um für die Europäer Zeichnungen anzufertigen, ist uns der Name überliefert. Von diesen ist Rajman Singh, der unter anderem auch für Brian Hodgson arbeitete, am bekanntesten. Rajman vollendete viele Aquarellzeichnungen von himalayischen und nepalesischen Vögeln und Säugetieren, von denen hier zwei Beispiele wiedergegeben sind.

RAJMAN SINGH
Satyrtragopan,
Tragopan satyra
Wasser- und Deckfarbe,
ca. 1850er
255 x 358 mm

RAJMAN SINGH
Weißer Ohrfasan,
Crossoptilon crossoptilon
Wasser- und Deckfarbe,
ca. 1850er
290 x 352 mm

RECHTS UND GEGENÜBER

Olivia Tonge war bereits in frühem Alter eine vollendete Aquarellistin, die sich auf Blumen, Vögel und Reptilien spezialisierte. Nach dem Tod ihres Mannes reiste Tonge, begleitet von ihrer Tochter, nach Indien. Dort produzierte sie 16 wundervolle Skizzenbücher, die überquellen vor farbenprächtigen Zeichnungen von Pflanzen und Tieren zusammen mit solchen von persönlichen Artefakten wie indischem Geschmeide, Haushaltsgegenständen und Musikinstrumenten.

Im Uhrzeigersinn von oben links:
OLIVIA TONGE
Palmenhörnchen, *Funambulus*-Art
Aquarell, ca. 1912
180 x 258 mm

OLIVIA TONGE
Sumpfkrokodile, *Crocodylus palnotris*
Aquarell, ca. 1912
180 x 258 mm

OLIVIA TONGE
Pomelo
Aquarell, ca. 1912
180 x 258 mm

These Muggers are usually from 10 to 15 feet
in length, but sometimes attain 30 feet.
They are Sacred to the Hindoos, and
when attended and fed at a Shrine
or Temple, they are quite tame,
and live for Centuries.
The Indian Mugger
or Man eating Crocodile. Mugger Pir, Karachi.
Elephant Grass.

A fine ripe Pomelo,
peeled and cut
ornamentally for
Table by a clever
Khansamah.
They
are very
fond of
making
the dining
table
pretty.
A Beetle
from
Mussoorie.

ASIEN:
Handel und Empire ~ **China**

DIE BRITISCHE OSTINDIENKOMPANIE betrieb seit Anfang des 18. Jhs. Handel in China. Während Europäer in Indien größtenteils akzeptiert wurden und die Beziehungen zwischen Indien und Europa sich während dieser Periode zusehends verbesserten, blieben Händler in China isoliert und man begegnete ihnen mit Misstrauen. Von 1757 an beschränkten die Qing-Herrscher den Handel zwischen Europäern und Chinesen auf den Hafen von Kanton während der Handelssaison von Oktober bis März. Im Sommer hatten die Europäer den Hafen zu verlassen und verbrachten diese Monate üblicherweise in Macao. Der Handel konnte nur über die als Hong bekannte offizielle Einrichtung der chinesischen Händler abgewickelt werden, von der chinesischen Regierung lizensierte Handelshäuser in Familienbesitz. Alle europäischen Kaufleute mussten bei diesem Organ vorstellig werden.

Mit dem Import von Seide, Tee und Gewürzen hatte sich mehrere Jahrhunderte lang auch das Wissen über China in Europa verbreitet. Mitte bis Ende des 17. Jhs. trafen allmählich auch Artefakte wie chinesische Möbel, Stoffe und Porzellan in wesentlich größeren Mengen in Europa ein. Bis zur Mitte des 18. Jhs. fingen Handwerker in Europa an, den dekorativen chinesischen Stil und dessen Motive nachzuahmen, und chinesische Pflanzen begannen in englischen Gärten aufzutauchen. Aber die Europäer waren weniger vertraut mit den naturkundlichen Aspekten Chinas und es erwies sich für Naturforscher als nahezu unmöglich, zu Sammel- oder Forschungszwecken Zugang zum chinesischen Festland zu erhalten. Versuche der Briten, wirtschaftliche und diplomatische Beziehungen mit China zu etablieren, wurden mit zwei Gesandtschaften unternommen, deren erste im Jahr 1793 von Lord Macartney geleitet wurde und deren zweite 1816 unter der Leitung von Earl Amherst stand. Beide Male gelang es Sir Joseph Banks, der Delegation Gärtner beizuordnen, mit der Anweisung, sich auf die Suche nach Pflanzen zu begeben, die „entweder nützlich, bemerkenswert oder schön" waren. Weder den Handelsunterredungen noch dem Pflanzensammeln war großer Erfolg beschieden.

Die Kompanie hatte bis 1833 das Monopol über den britischen Handel in Kanton und tauschte Gewürze, Elfenbein und andere Produkte aus Indien gegen chinesischen Tee und Seide. Die meisten Produkte, welche die Kompanie anzubieten hatte, waren bei den Chinesen wenig gefragt und Großbritannien musste Handelsgüter meist mit Silber erwerben. Die Bedingungen für europäische Händler in Kanton waren schwierig. Innerhalb des Hafens war ihnen der Zugang nur zur Faktorei-Gegend erlaubt, einer Reihe von Warenhäusern entlang des Flusses, die ausländischen Händlern vorbehalten waren. Allen Europäern war es verboten, die von einer Mauer umgebene Stadt zu betreten. Der Hafen von Kanton war während der Handelssaison ein betriebsamer, florierender Ort, mit Händlern aus aller Welt und vielen Kaufleuten aus anderen Teilen Chinas. Alles und jedes wurde auf dem Markt verkauft, darunter auch Pflanzen und Tiere. Lebende Tiere und Vögel, Tierhäute, Muscheln, Mineralien, Pflanzen und Samen wurden allesamt auf dem internationalen Markt gehandelt.

Unter den jungen Männern in Diensten der Kompanie in Kanton waren einige mit einem lebhaften Interesse an Naturkunde. Diese Amateur-Naturkundler waren auf Handelskontakte mit Chinesen vor Ort angewiesen, wollten sie an Exemplare und naturkundliches Wissen gelangen. Es gab ausgedehnte, wenn auch oft kontrollierte, Austauschbeziehungen, und in diese waren nicht nur Kaufleute und Beamte involviert, sondern auch deren Bedienstete, Gärtner, Handwerker und Dolmetscher. Auch zu Kontakten mit anderen Chinesen in Kanton wie Fischern, Landwirten, Bauern und sogar Mönchen kam es früher oder später und ein jeder dieser Kontakte trug zum Wissenstransfer zwischen Chinesen und Europäern bei. Die Pflanzschulen in Kanton, Fa Tee genannt, erlangten in europäischen Gartenbau-Kreisen bis zum frühen 19. Jh. Berühmtheit. Viele der zu dieser Zeit nach Europa eingeführten chinesischen Pflanzen kamen aus diesen Schulen, waren also Kulturvarietäten und keine einheimischen Wildpflanzen. Im Laufe des Jahrhunderts nahm die Nachfrage nach chinesischen Pflanzen und Tieren zu, auch wurde der Wissensdurst bezüglich des chinesischen Gartenbaus stärker. Die Hong-Kaufleute besaßen üblicherweise üppige Gärten mit seltenen Pflanzen, die in den Gärtnereien nicht erhältlich waren. Dort pflegten sie regelmäßig ausländische Kaufleute und Besucher aus dem Westen zu empfangen, die diese Gärten entzückend fanden und gelegentlich, in Form eines Geschenks, in den Genuss einer besonders heiß begehrten Pflanze kommen konnten.

Von all jenen im Dienst der Kompanie, die aktiv die europäischen Kenntnisse von Chinas Naturgeschichte zu befördern suchten, ist vielleicht der in England geborene John Reeves am bekanntesten. Reeves gelangte 1812 als Assistenz-Teeinspektor für die dortige Faktorei nach Kanton. Er hatte keinerlei wissenschaftliche Ausbildung und sein Verständnis von Taxonomie und Tieranatomie ging nie über ein Mindestmaß hinaus. Dennoch war er Mitglied der Zoological und der Horticultural Society in London und wurde 1817 zum Fellow der Royal Society und der Linnean Society gewählt. Wissenschaftler konsultierten ihn ein Leben lang in Bezug auf chinesische Tiere und Pflanzen. Bei seiner Ankunft in Kanton machte sich Reeves

REEVES ZOOLOGICAL COLLECTION
Nicht bestimmter Frosch
Aquarell, ca. 1820er
354 x 444 mm

THE FACTORIES.
CANTON.
1856.

umgehend daran, Beziehungen zu jenen aufzubauen, die sich für Naturwissenschaften interessierten, ob Chinesen oder Europäer. Er besuchte die Fa-Tee-Pflanzschulen, Märkte, Hong-Kaufleute und alle, die von Berufs wegen etwas zu verkaufen oder einzutauschen hatten. Er baute auch Freundschaften mit westlichen Bewohnern von Macao auf, von denen manche exotische Gärten, Menagerien und Volieren besaßen. Durch all diese Kontakte war Reeves in der Lage, sich einen regelmäßigen Nachschub an Exemplaren zu sichern, die er nach Großbritannien verschiffte. Während seiner Ansässigkeit in Kanton und Macao, insgesamt etwa 19 Jahre, sandte Reeves Tausende von Pflanzen nach Großbritannien, auch wenn unglücklicherweise die meisten davon auf dem Weg eingingen.

Der bedeutendste und nachhaltigste Einfluss von Reeves auf die Naturwissenschaften kam durch seine Aktivitäten als Auftraggeber und Sammler naturkundlicher Darstellungen zustande. Als er in Kanton ankam, hatte sich bereits eine blühende Industrie der Produktion von Artefakten für den westlichen Markt etabliert. Es gab zahlreiche Werkstätten, die Generationen von Künstlern und Kunsthandwerkern beschäftigten. Als er sich auf sein Projekt einließ, hatte Reeves keine Schwierigkeiten, Künstler hierfür zu finden. Versierte und begabte Künstler gab es zuhauf, doch wissenschaftliche Genauigkeit gehörte üblicherweise nicht zu den Merkmalen chinesischer Kunst, also gab Reeves Unterweisungen in diesem Bereich, wobei er die Konventionen für botanische und zoologische Illustration genau auseinandersetzte. Die Zeichnungen hoben sich ab von den traditionellen Kunstwerken für den europäischen Markt, ornamentalen, stark stilisierten Darstellungen von Flora und Fauna, üblicherweise vor einem malerischen Hintergrund. Reeves' Zeichnungen haben kaum je einen Hintergrund und zumeist stellen sie ein vereinzeltes Exemplar auf einem ansonsten leeren Blatt dar. Die botanischen Zeichnungen beinhalten oft vergrößerte Blütendetails der Pflanze, aber bei den meisten Tierzeichnungen sind, wenn überhaupt, wenig anatomische Details zu erkennen.

Reeves sandte seine Zeichnungen an verschiedene Förderer, Gartenbaugesellschaften und botanische Gärten in Großbritannien. Sie porträtieren Pflanzen, Früchte und die bei den Briten so beliebten Blumenzüchtungen. Daneben gab es da Darstellungen von Insekten, Reptilien, Amphibien, Vögeln und Säugetieren, von denen manche gar nicht in China oder auch nur in Asien heimisch waren, doch über die Straßenmärkte von Kanton und Macao ihren Weg in die Sammlungen gefunden hatten. John Reeves war nicht der Einzige aus dem Westen, der chinesische Künstler für Darstellungen der heimischen Flora und Fauna beschäftigte, sicher aber der produktivste und bekannteste unter seinen britischen Zeitgenossen. 1827 schloss sich ihm sein Sohn, John Russell, an, der ihm als enthusiastischer Sammler all dessen nachfolgte, was zur Naturkunde gehört. Nachdem Reeves China 1831 endgültig verlassen hatte, trat sein Sohn als Naturforscher für die Wissenschaftler und Institutionen des Heimatlandes in seine Fußstapfen.

GEGENÜBER Diese Zeichnung Kantons stammt aus einem Band botanischer Zeichnungen von einem lokalen Künstler, der in den 1850ern von Henry Fletcher Hance in Auftrag gegeben wurde. Hance war ein britischer Diplomat, der zuerst 1844 in Hongkong stationiert war, dann 1861 in Whampoa und schließlich 1878 in Kanton. Er hatte ein weit gefächertes Interesse an Naturkunde, insbesondere an Botanik, und korrespondierte mit Charles Darwin, dem er Exemplare sandte. Die Zeichnung stellt eine typische Faktorei in Kanton dar, ähnlich jenen der Ostindienkompanie, als John Reeves zu einem früheren Zeitpunkt im 19. Jh. als Teeinspektor tätig war.

HENRY FLETCHER HANCE
Kanton
Wasser- und Deckfarbe, ca. 1853
125 x 175 mm

LINKS UND UNTEN Die chinesische Exportmalerei wurde bis zum frühen 19. Jh. ein wichtiger Industriezweig. Ein stilistisches Kennzeichen der traditionellen Malereien, die für den Export bestimmt waren, waren ihre kräftigen Umrisse, welche sie flach wirken lassen, und der Gebrauch von leuchtenden Farben. Sie galten als nicht besonders exakt. Die Ateliers und Werkstätten, welche diese Malereien sowie höchst dekorative Artefakte herstellten, waren üblicherweise Familienbetriebe, die mehrere Generationen beschäftigten, was für die jüngeren Familienmitglieder eine mehrjährige Lehrzeit bei ihren älteren Meistern bedeutete. Es waren diese Künstler, an die John Reeves herantrat, um seine bildlichen Darstellungen von Pflanzen und Tieren anfertigen zu lassen.

JOHN REEVES COLLECTION
Bartaffe, *Macaca silenus*
Aquarell, ca. 1820er
466 x 590 mm

JOHN REEVES COLLECTION
Bengalischer Plumplori, *Nycticebus bengalensis*
Aquarell, ca. 1820er
542 x 465 mm

GEGENÜBER Der auf diesem Bild dargestellte Vari ist wie alle Lemuren auf der Insel Madagaskar beheimatet. Er ist ein Beispiel für die vielen Tiere und Pflanzen, die während des späten 18. und frühen 19. Jhs. aus aller Welt in den Hafen von Kanton gebracht wurden.

LINKS Dieses Bild einer Bengalkatze ist ein ausgezeichnetes Beispiel für eine Mischung aus stilisierter traditioneller chinesischer Malerei und wissenschaftlicher Illustration zum Zweck der zoologischen Bestimmung.

JOHN REEVES COLLECTION
Schwarzweißer Vari,
Varecia variegata
Aquarell, ca.1820er
465 x 588 mm

JOHN REEVES COLLECTION
Bengalkatze,
Prionailurus bengalensis
Aquarell, ca.1820er
590 x 460 mm

山蟹
紅沙馬
花線蟹
馬仔蟹
白蟹
炉蟹

LINKS Beinahe 20 Jahre lang widmete John Reeves einen Großteil seiner Zeit der Erforschung der Naturgeschichte Chinas und der Beauftragung und Zusammenstellung einer der größten Sammlungen naturkundlicher Kunstwerke. Hunderte von Zeichnungen von Pflanzen, Insekten, Vögeln, Säugetieren, Mollusken, Fischen und Schalentieren wurden durch die Energien dieses einen Menschen zusammengetragen.

JOHN REEVES COLLECTION
Schalentiere
Aquarell, ca. 1820er
385 x 494 mm

RECHTS UND GEGENÜBER

Diese Bilder sind beide unsigniert. Tatsächlich sind die meisten chinesischen Künstler, die für Europäer naturkundliche Darstellungen anfertigten, wenig bekannt. Der Pazifische Rotfeuerfisch (gegenüber) ist ein giftiger, Korallenriffe bewohnender Fisch, dessen Gift in den langen, stachligen Rückenstrahlen enthalten ist. Reeves' Bilder waren eine wichtige Quelle für taxonomische Untersuchungen. Sir John Richardson identifizierte anhand der Abbildungen mehr als 70 neue Fischarten.

JOHN REEVES COLLECTION
Mollusken
Aquarell, ca. 1820er
378 x 486 mm

JOHN REEVES COLLECTION
Pazifischer Rotfeuerfisch,
Pterois volitans
Aquarell, ca. 1820er
380 x 485 mm

魚岳 魚鰲

9

GEGENÜBER Der Uhu ist ein großer Vogel mit lebhaften orangen Augen und auffallenden, spitz zulaufenden Federbüscheln an den Ohren.

JOHN REEVES COLLECTION
Uhu, *Bubo bubo*
Aquarell, ca. 1820er
585 x 478 mm

OBEN Der Mandschurenkranich ist in der chinesischen Kultur bedeutsam, da er das Symbol der Langlebigkeit ist. Die grazile Zeichnung fängt die prachtvolle Eleganz dieses Vogels ein. Unglücklicherweise ist dieser Kranich jetzt eine der am stärksten gefährdeten Vogelarten.

JOHN REEVES COLLECTION
Mandschurenkranich,
Grus japonensis
Aquarell, ca. 1820er
380 x 485 mm

170

GEGENÜBER UND RECHTS Die botanischen Zeichnungen der Reeves-Sammlung unterschieden sich von den für den Export auf den westlichen Markt produzierten Gemälden darin, dass sie im Allgemeinen genauer waren und der Gegenstand isoliert und ohne Hintergrund dargestellt wurde. John Reeves gab seinen Künstlern Anweisungen, welche Teile der Pflanze sie zeichnen sollten, damit ihre Arbeit den Wissenschaftlern in Europa von Nutzen sei. Dies war nichts, womit die chinesischen Künstler vertraut gewesen wären. Was bei ihnen noch am ehesten botanischen Zeichnungen entsprach, war das Anfertigen von Gartenbauillustrationen. Dabei lag der Schwerpunkt auf Form und Farbe eines bestimmten Exemplars oder einer Blumenvarietät, mit dem Zweck, die jeweils aktuelle Pflanzenkollektion, die in den lokalen Gärtnereien heranwuchs, zu präsentieren.

JOHN REEVES COLLECTION
Palme, *Urania specosa*
Aquarell, ca. 1820er
490 x 384 mm

JOHN REEVES COLLECTION
Indische Lotusblume,
Nelumbo nucifera
Aquarell, ca. 1820er
460 x 374 mm

Afrika

FORSTER **MASSON** RAPER **HARRIS** BERNATZ **BAINES** FINCH-DAVIES **TALBOT**

OUNTAINE FORSTER **MASSON** RAPER **HARRIS** BERNATZ **BAINES** FINCH-DAVIES

AFRIKA:
Von der Aufklärung bis zum Viktorianischen Zeitalter

DIE EUROPÄISCHE PRÄSENZ IN AFRIKA reicht zurück bis ins 15. Jh. und ist mit den Anfängen des europäischen Sklavenhandels anzusetzen. Aber erst bis zum 17. Jh. hatten die Niederländer, Portugiesen, Franzosen und Engländer ihre Handelsniederlassungen entlang der Küsten des Kontinents wirklich etabliert. Die Handelsgesellschaften machten Geschäfte mit Menschen ebenso wie mit Mineralien, Elfenbein und anderen Produkten und in manchen Regionen führten sie Pflanzen und Feldfrüchte ein, v.a. aus der Neuen Welt. Das britische Engagement in Afrika beschränkte sich bis zum Ende des 18. Jhs. auf eine Reihe von Handelskompanien wie die Royal African Company und die African Company of Merchants. Entlang der Westküste Afrikas wurden Festungen errichtet als Stützpunkte für Angestellte der Gesellschaften und für Handelsschiffe. Diese Gesellschaften hielten durch ihre wirtschaftliche Vormachtstellung ihre Kontrolle in der Region aufrecht und erst Mitte bis Ende des 19. Jhs. entwickelte sich infolge des Wettbewerbs mit anderen europäischen Ländern eine direkte Herrschaftsausübung durch die britische Krone.

Trotz ihrer Vertrautheit mit den Küstenregionen Afrikas war das Wissen der Europäer über das Landesinnere im 18. Jh. vernachlässigbar. Am 9. Juni 1788 traf eine Gruppe einiger der prominentesten Männer Großbritanniens zusammen, um „einen Zusammenschluss zur Förderung der Entdeckung der inländischen Gebiete dieser Weltgegend" zu bilden.[1] Er wurde unter dem Namen African Association bekannt, Schatzmeister war Sir Joseph Banks. Hauptzweck war die Erforschung, nicht so sehr um des Handels willen, sondern um Erkenntnisse über die Geographie des Landesinneren Afrikas zu sammeln, und so finanzierte die Association mehrere Forschungsreisen, darunter die erste Expedition von Mungo Park, der sich aufmachte, den Flusslauf des Niger zu erkunden. Die African Association läutete das Zeitalter der Erforschung des Kontinents ein, welche Mitte des 19. Jhs. zur Blüte gelangte: Expeditionen in Teile Afrikas fesselten die Einbildungskraft der viktorianischen Öffentlichkeit in bislang ungekanntem Ausmaß und machten manche der Entdecker gar zu Nationalhelden.

Eine der strategischen Schlüsselpositionen für Europäer war Kapstadt an der Südspitze des Kontinents. Die Niederländische Ostindienkompanie hatte das Gebiet bereits Mitte des 18. Jhs. besetzt.

1795 eroberten die Briten Kapstadt, verloren es aber im Jahr 1803 wieder, nur um es 1806 erneut in Besitz zu nehmen. Während des 18. und 19. Jhs., als Niederländer und Briten den Asienhandel dominierten, war das Kap für Seeschiffe ein wichtiger Ort für Ruhepausen und Reparaturen. Es diente auch als sicherer Hafen für Schiffe, die sich weiter in unkartographierte Bereiche des Südpolarmeers vorwagten, etwa als Cook auf seiner zweiten Reise die HMS *Resolution* kommandierte (1772–1775). An Bord waren der deutsche Naturforscher Johann Forster und sein Sohn Georg, die bestellt waren, „die naturgeschichtlichen Gegenstände zu sammeln, zu beschreiben und zu zeichnen".[2] Ein Großteil der Reise spielte sich auf dem offenen Meer ab, den Antarktischen Ozean durchkreuzend, wo Georg Forster Meerschwalben, Sturmvögel, Pinguine, Albatrosse und andere Meeresvögel skizzierte und malte. Landgänge waren selten und Forster musste seine Zeit möglichst sinnvoll nutzen, indem er das, was ihm an Wildleben begegnete, festhielt. Nachdem sie im Juli 1772 Portsmouth verlassen hatte, erreichte die *Resolution* im Oktober Kapstadt. Erkundungen des Inlands waren eingeschränkt, und statt Tiere in freier Wildbahn studieren zu können, war Georg auf die Beobachtung von solchen angewiesen, die im Garten der Kompanie gehalten wurden. Auf der Hinreise fuhr der Botaniker Francis Masson mit, der von den Royal Botanic Gardens in Kew mit dem Sammeln von Pflanzen und Samen beauftragt war. Er verließ das Schiff bei dessen erster Ankunft am Kap und verbrachte die nächsten drei Jahre damit, botanische Erhebungen in Südafrika anzustellen und einige wunderschöne exotische Pflanzen zur Aufzucht in Kew zu sammeln. Masson kehrte 1786 nach Kapstadt zurück, um seine Arbeit fortzusetzen, und blieb dort bis 1795.

Bis zum Jahr 1833 hatte die Ostindienkompanie ihr Monopol als Handelsinstitution eingebüßt und in Indien überhaupt aufgehört, eine Handelsinstitution zu sein. Sie war nunmehr mit der Leitung der Kolonialverwaltung dort betraut und organisierte weiterhin Erhebungen und Expeditionen, darunter britische Handelsmissionen außerhalb von Indien oder Südostasien. 1841 erhielt die Kompanie eine Einladung von König Sahla Sellasie vom Königreich Shewa in Äthiopien und organisierte eine diplomatische Mission in die Region. Man wählte Captain William Cornwallis Harris als Leiter der Expedition. Harris hatte sich bereits durch die Publikation von *The Wild Sports of Southern Africa* (1839) einen Namen gemacht, ein Buch über seine Jagdexpeditionen in den Jahren 1836–1837. Er war Mitglied des Ingenieurkorps der Ostindienkompanie und seit 1825 in Indien stationiert. 1836 erkrankte er und wurde zur Erholung nach Kapstadt geschickt. Seine Expedition in das Innere Südafrikas diente hauptsächlich der Jagd; wie Harris in der Einleitungspassage seines Buchs erklärte: „Von Kindesbeinen an bin ich im Scherz der *Schießwut* beschuldigt worden und ich habe sie seither

CLAUDE FINCH-DAVIES
Nordafrikanische Kuhantilope,
Alcelaphus buselaphus
Aquarell, ca. 1913
195 x 144 mm

GEGENÜBER Ein großer Teil der Zeit, die William Harris in der Kapkolonie und angrenzenden Gebieten verbrachte, war ausgefüllt mit Jagdexpeditionen. Neben dem Erlegen von Tieren verbrachte Harris Zeit damit, die Szenen zu zeichnen, die ihm begegneten, mit Tieren und Menschen der Region. Er publizierte einige dieser Zeichnungen 1839 in *The Wild Sports of Southern Africa* und, mit einer größeren Anzahl an Tafeln, erneut im Jahr 1841.

WILLIAM CORNWALLIS HARRIS
Giraffe, *Giraffa camelopardalis*
Aquarell, ca. 1836
249 x 170 mm

wahrhaft als eine überaus angenehme Manie kennengelernt."[3] Ebenfalls von einem jungen Alter an fand er seine „Gedanken häufig zur Wildnis Afrikas wandern" und träumte oft davon, auf Tiere dieses Landes zu treffen; insbesondere der „schlanke und schwanengleiche Hals der herrschaftlichen Giraffe" und die „gigantischen Elefanten" hatten es ihm angetan.[4] Sein Reisebericht ist voller Jagdabenteuer, was ihm seinen Ruf als Begründer der Safari eingetragen hat. Seinem Werk lässt sich auch sehr viel an Information über die Anfänge des Großen Trecks der Voortrekker entnehmen und über seine Begegnungen mit Mzilikazi, König des Volks der Matabele, bei seinem Aufenthalt in Mosega im Marico-Tal. Harris war ein begeisterter Naturforscher und ein vollendeter Künstler und sein Buch beinhaltet neben bildlichen Darstellungen auch Beschreibungen der Tiere der Region.

Die von Harris geleitete britische Expedition zum Hof von König Sahla Sellasie war eine diplomatische „Mission". Ihr Zweck bestand im Abschluss eines internationalen Vertrags, der Großbritannien uneingeschränkten wirtschaftlichen Zugang zur Region und deren Handelsrouten verschaffen sollte. Die Ostindienkompanie hatte 1839 die Kontrolle über den Hafen von Aden übernommen und ein Vertrag mit dem christlichen Königreich von Shewa wurde als Möglichkeit wahrgenommen, die britischen Handelsrouten zu schützen. Zur Gesandtschaft gehörten Johann Martin Bernatz als ihr offizieller Künstler und Rupert Kirk, der Assistenzarzt, der ebenfalls Karten und Zeichnungen fertigte. Bernatz war in Speyer geboren und verbrachte die Jahre 1836 und 1837 auf Reisen in der Levante. Bei seiner Rückkehr nach Deutschland publizierte er seine Zeichnungen unter dem Titel *Bilder aus dem heiligen Lande* und beschloss dann, ein ähnliches, nur größer angelegtes Werk über seine Reisen in Indien zu veröffentlichen. Dieses Projekt erwies sich als unerwartet kompliziert, so dass er den Posten eines Künstlers auf Harris' Expedition nur zu gerne annahm, als ihm dieser angeboten wurde.

Die Reise ins Hochland war schwierig, gefährlich und ging nicht ohne größere Unterbrechungen vonstatten. Im Juni begab sich die Reisegesellschaft auf Kamelen von der Küstenstadt Tadjoura nach Ankober, der Hauptstadt des Königreichs Shewa, eine Reise von 370 Meilen. Harris konnte nicht genügend Kamele für die Reise auftreiben, so dass ein Teil der Gesandtschaft in Tadjoura zurückblieb. Zu dieser Gruppe gehörte Bernatz, der im März des Folgejahres in Ankober ankam. Als der erste Teil der Reisegesellschaft sich auf den Weg über die Ebenen machte, schlug das Schicksal zu und drei Gruppenmitglieder wurden ermordet. Trotz dieser Rückschläge gelang es Harris, den Briten einen unterzeichneten Vertrag zu liefern. Die Gesandtschaft blieb ein weiteres Jahr in der Region und einige ihrer Mitglieder konnten mehrere wichtige Feste im Kalender der Shewa und Christen beobachten, festgehalten in den Zeichnungen von Harris, Bernatz und Kirk. Im Februar 1843 verließ die Gesandtschaft Shewa in Richtung Indien und im darauffolgenden Jahr publizierte Harris sein Buch *Highlands of Ethiopia* und wurde für seine Verdienste von der Königin zum Ritter geschlagen. Harris' Leben endete

3
The
Wild Sports
of
southern Africa
being the
Narrative of a Hunting Expedition
from
The Cape of Good Hope.
through the territories of the Chief Moselekatse
to the
Tropic of Capricorn.

tragisch im Jahr 1848, als er mit 41 Jahren in Indien einem „schleichenden Fieber" erlag. Bernatz, der auf der Rückreise in Aden zurückblieb, um sich von einer Krankheit zu erholen, unternahm mehrere weitere Expeditionen, darunter einen Besuch in Ägypten und Palästina. Er ließ sich schließlich in seinem Heimatland Deutschland nieder, wo er weiter malte und seine Orientstudien fortsetzte. Viele seiner Zeichnungen von der Shewa-Expedition zeigen die ethnische Vielfalt und gehören zu den frühesten europäischen Beobachtungen des Lebens in Äthiopien. 1852 publizierte Bernatz einige seiner Zeichnungen in *Bilder aus Äthiopien*, wo auch Auszüge aus seinem Reisetagebuch enthalten sind.

Während Harris und Bernatz 1842 in Äthiopien mit Beobachten und Zeichnen beschäftigt waren, segelte der junge Thomas Baines aus Norfolk auf dem Schoner *Olivia* nach Kapstadt, wo er hoffte, sich seinen Lebensunterhalt mit ornamentaler Kunst verdienen zu können. Baines war talentiert genug, um sich zum Marinemaler und Porträtkünstler weiterzuentwickeln, und zwischen 1845 und 1848 gelang es ihm, genügend Aufträge zu erhalten, um am Kap bleiben zu können. 1848 bekam er einen ersten Geschmack vom Reisen in Südafrika, als er eine Reise von Kapstadt aus gen Nordosten über den Oranje und dann weiter zum Great Fish River unternahm. 1850 schloss er sich einer Expedition zur Erkundung des Ngamisees im heutigen Botswana an. Dann nahm er eine Stellung als erster offizieller Kriegsmaler der britischen Streitkräfte in Südafrika an und verbrachte acht Monate mit Reisen entlang der Grenze. Auf all diesen Reisen fertigte er Ölgemälde und Aquarelle. 1855 schloss er sich einer von Augustus Gregory geleiteten Expedition nach Nordaustralien an. Gregory war so beeindruckt von Baines, dass er Mount Baines und Baines River nach ihm benannte. Sein Rang als herausragender Entdecker und Künstler eröffnete ihm die Möglichkeit, Teil der von der Royal Geographical Society finanzierten Expedition zum Fluss Sambesi unter Leitung von David Livingstone zu werden.

Baines war offizieller Künstler und Materialverwalter für die Expedition, zu der auch Livingstones Bruder Charles, Dr. John Kirk als Arzt und Botaniker sowie Richard Thornton als Geologe gehörten. Die Expedition verließ Kapstadt im April 1858 in bester Stimmung. Bald jedoch sollte Baines von einem Unglück heimgesucht werden, welches ihm die Zukunft als Künstler für jedwedes regierungsunterstützte Forschungsunternehmen verbauen sollte. 1859 zog sich Baines ein Fieber zu und musste im Camp bleiben, während Livingstone und Kirk auf Erkundung loszogen. Charles Livingstone war in Abwesenheit seines Bruders für das Camp verantwortlich und er bezichtigte Baines des Diebstahls von Expeditionseigentum; eine Anschuldigung, die heute als völlig unbegründet gilt. Im Juli 1859 wurde Baines entlassen, war aber der erniedrigenden Erfahrung ausgesetzt, weitere fünf Monate bei der Gruppe bleiben zu müssen, bevor sich eine sichere Überfahrt nach Kapstadt bot. Während dieser Zeit lebte er isoliert in einem der Walboote und nahm seine Mahlzeiten alleine ein, da Livingstone ihm nicht erlauben wollte, „an unseren Tisch zu kommen".

GEGENÜBER Dieses Bild ist ein Beispiel für die Zusammenarbeit zwischen Johann Martin Bernatz und dem Assistenzarzt Rupert Kirk bei der britischen Expedition zum Hof von König Sahla Sellasie. Bernatz war bezaubert von der „grandiosen Landschaft im südabessinischen Hochland".

JOHANN MARTIN BERNATZ
und RUPERT KIRK
Wasser- und Deckfarbe,
ca. 1841
230 x 290 mm

GEGENÜBER Diese Zeichnung des Rotschnabeltoko wurde 1918 fertiggestellt. Es habe sich herausgestellt, so Finch-Davies, dass die Spezies in Südwestafrika weit verbreitet sei.

CLAUDE FINCH-DAVIES
Rotschnabeltoko,
Tockus erythrorhynchus
Aquarell, 1918
195 x 144 mm

Baines versuchte jahrelang, seinen Namen reinzuwaschen, aber es gelang ihm nie, eine offizielle Entschuldigung zu erhalten, und er kam nie wieder in den Genuss einer Förderung durch die Royal Geographical Society. Dennoch sandte er weiterhin Zeichnungen und Informationen von seinen Reisen in Südafrika an verschiedene Institutionen in Großbritannien, darunter die Royal Botanic Gardens und die Royal Geographical Society. Letztere erwies ihm 1873 ihre Wertschätzung, indem sie ihm für seine fortgesetzten Verdienste um die Geographie eine goldene Uhr zukommen ließ. Baines setzte seine Reisen und Erkundungen in Südafrika fort, meist in Diensten von Handels- oder Bergwerksgesellschaften, und nahm jede Gelegenheit wahr, die Flora und Fauna zu zeichnen. Er war als Naturforscher nie ein Experte und verwendete selten die wissenschaftliche Bezeichnung für die von ihm gezeichneten Arten. Doch las er sehr wohl grundlegende botanische Bücher und erwarb sich ein beachtliches Wissen über die Materie. Er vermaß außerdem die Tiere, die er zeichnete, fertigte Beschreibungen an und hielt Beobachtungen zu Verhalten und Habitat fest.

Baines starb 1875, ein Jahr nach der Geburt von Claude Gibney Davies, einem der besten Vogelmaler. Davies wurde in Delhi geboren und zur Ausbildung nach England geschickt. Schon sehr früh zeigte er ein lebhaftes Interesse an Naturkunde und begann, Vögel zu zeichnen. Mit 18 trat er den Cape Mounted Riflemen bei und kam 1893 in Kapstadt an. Südafrika bot ihm die Gelegenheit, sein Interesse an Naturkunde zu erproben und er verbrachte einen großen Teil seiner Freizeit damit, Vögel zu fangen und zu zeichnen. Bei Davies' Ankunft in Südafrika gab es wenige Vögel, die der Wissenschaft unbekannt gewesen wären, die meisten waren bestimmt, beschrieben und mit einem Namen versehen. Doch war wenig sonst über sie dokumentiert. Das Wissen über Verbreitung und Verhalten der Arten war bescheiden und als begeisterter Ornithologe war Davies entschlossen, hier seinen Beitrag zu leisten. Er pflegte Kontakte in Museen, die es ihm ermöglichten, die Sammlungen mit seltenen Vögeln zu studieren, und korrespondierte mit Ornithologen in Südafrika und Großbritannien.

1916 heiratete Davies Aileen Singleton Finch, ein Einzelkind und 20 Jahre jünger als er. Ihr Vater bestand darauf, dass Davies den Namen Finch annahm. Er tat dies bereitwillig und war von da an als Finch-Davies bekannt. Das Leben sah sehr vielversprechend aus für Finch-Davies, der mittlerweile zum Lieutenant befördert worden war. Er war in weiten Kreisen für seine künstlerischen Fähigkeiten bekannt, da er Major Boyd Robert Horsbrughs Buch *Gamebirds and Waterfowl of South Africa* illustriert hatte. Bis zum Jahr 1917 hatte Finch-Davies Aufsätze in mehreren führenden ornithologischen und naturkundlichen Zeitschriften publiziert, wobei er oft unzulängliche Artbeschreibungen korrigierte. Er hatte sich auch zum Experten für die Raubvögel Südafrikas entwickelt, deren Untersuchung er selbst finanzieren konnte. Bis zum Jahr 1920 hatten er und seine Frau drei Kinder, als das Schicksal zuschlug.

C. G. Finch-Davies
9 - 4 - 1918

RECHTS Von 1911 bis 1912 sammelten Dorothy Talbot und ihr Mann etwa 2.000 Pflanzen aus dem Oban-Distrikt Südnigerias. 150 davon waren neu für die Wissenschaft und Dorothy produzierte lebensgroße Zeichnungen der seltenen und neuentdeckten Pflanzen. Talbot hatte die Absicht, Farbtafeln von ihren Zeichnungen mit Beschreibungen neuer Gattungen und Arten zu publizieren, ein Projekt, das von der Royal Society finanziert werden sollte, aber das Werk kam nie zustande.

DOROTHY TALBOT
Kolanuss, *Cola*-Art
Aquarell, ca. 1911
700 x 368 mm

Finch-Davies führte einen Großteil seiner Arbeit im Transvaal Museum aus, wo er die Vogelsammlungen studierte und in der Bibliothek arbeitete. Seine Arbeit zu südafrikanischen Greifvögeln veranlasste ihn, publizierte Farbtafeln von solchen Arten zu konsultieren, von denen ihm keine Individuen zur Verfügung standen. Im Dezember 1919 erstattete der Bibliothekar Bericht, es würden in einer Reihe von Zeitschriften Tafeln fehlen, und die Polizei wurde eingeschaltet. Am 5. Januar beobachteten Polizeibeamte Finch-Davies dabei, wie er Tafeln aus Nachschlagewerken entfernte. Es wurde kein offizielles Verfahren eingeleitet, aber im Ergebnis der Entdeckung händigte Finch-Davies dem Museum als Wiedergutmachung 29 seiner Skizzenbücher mit über 100 Aquarellzeichnungen aus. Sein Regiment wurde ebenfalls über sein Fehlverhalten in Kenntnis gesetzt. Abgesehen von der mit der Enthüllung verbundenen Schande und Demütigung war nun auch seine Karriere ruiniert. Binnen sieben Monaten war Finch-Davies tot. Sein Beitrag zur südafrikanischen Ornithologie bleibt beachtlich und es war ihm gelungen, in seinen exquisiten Zeichnungen viele Facetten von Federkleid, Farbe und Oberflächenbeschaffenheit wiederzugeben. Andere Vogelmaler bewunderten sein Werk und manche von ihnen übertrugen seine Zeichnungen in Lithographien und ließen diese veröffentlichen.

Bis zum 20. Jh. erreichte die Erforschung von Ost- und Westafrika durch Europäer allmählich ihren Zenit. Unter den unzähligen Forschenden waren mehrere Frauen. Dorothy Talbot verbrachte viele Jahre auf Reisen mit ihrem Ehemann, Percy Amaury. Das Ehepaar erkundete große Gebiete von Westafrika, wobei sie naturkundliche Gegebenheiten und die Menschen der Region studierten und darüber schrieben. 1915 publizierte Dorothy ihr Buch über die Ibibios-Frauen von Südnigeria. Gemeinsam sammelten die Talbots Tausende von Pflanzen, von denen manche für die Wissenschaft neu waren, und Dorothy fertigte von vielen davon riesige Aquarellgemälde. Etwa zur selben Zeit bereiste die Schmetterlingsforscherin Margaret Fountaine Algerien, Ost- und Westafrika. Sie verbrachte fast 50 Jahre mit Reisen rund um den Globus, um Schmetterlinge zu sammeln und zu studieren, führte Reisetagebücher und produzierte wunderschöne Skizzenbücher voller Insektenzeichnungen. 27 Jahre lang war dabei Khalil Neimy, ein Ägypter mit griechischen Eltern, den sie erstmals in Damaskus traf, ihr ständiger Begleiter. Sie schrieb später: „Den interessantesten Teil meines Lebens habe ich mit ihm verbracht.“ Gemeinsam sammelten sie Tausende von Exemplaren aus über 60 Ländern und studierten den Lebenszyklus von Schmetterlingen. Fountaine war unter Entomologen weltweit anerkannt und nahm am Zweiten Internationalen Entomologie-Kongress, der 1912 in Oxford stattfand, teil. Ihre letzten Tage verbrachte sie mit dem Sammeln von Schmetterlingen auf Trinidad, wo sie im Alter von 78 Jahren starb und wo sie auch begraben ist.

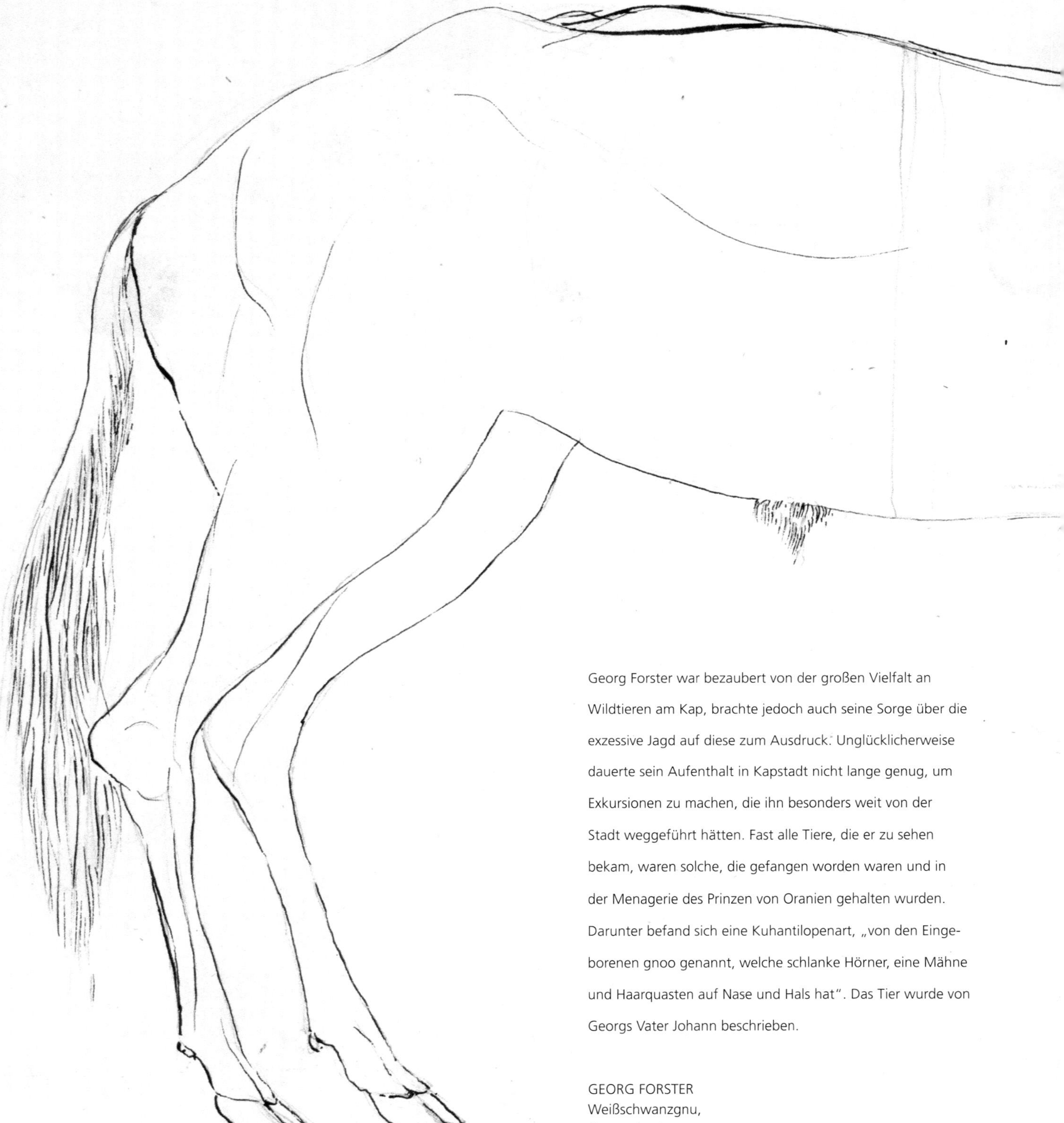

Georg Forster war bezaubert von der großen Vielfalt an Wildtieren am Kap, brachte jedoch auch seine Sorge über die exzessive Jagd auf diese zum Ausdruck. Unglücklicherweise dauerte sein Aufenthalt in Kapstadt nicht lange genug, um Exkursionen zu machen, die ihn besonders weit von der Stadt weggeführt hätten. Fast alle Tiere, die er zu sehen bekam, waren solche, die gefangen worden waren und in der Menagerie des Prinzen von Oranien gehalten wurden. Darunter befand sich eine Kuhantilopenart, „von den Eingeborenen gnoo genannt, welche schlanke Hörner, eine Mähne und Haarquasten auf Nase und Hals hat". Das Tier wurde von Georgs Vater Johann beschrieben.

GEORG FORSTER
Weißschwanzgnu,
Connochaetes gnou
Tinte und Bleistift, ca. 1775
369 x 534 mm

GEGENÜBER, LINKS UND UNTEN Cooks zweite Reise auf der HMS *Resolution* dauerte drei Jahre und viel von dieser Zeit wurde auf offener See zugebracht, die südlichen Meere durchkreuzend und „genötigt, uns mit den Erzeugnissen von ein paar kleinen Inseln zu begnügen, welche wir in den kurzen Zeitspannen von manchmal wenigen Stunden oder wenigen Tagen oder im äußersten Falle ein paar Wochen, noch dazu in unvorteilhafter Wetterlage, nur sehr unzureichend erkunden konnten". Alle vier Zeichnungen wurden in Kapstadt produziert, entweder während des dreiwöchigen Aufenthalts 1772 oder während des fünfwöchigen Aufenthalts 1775.

GEORG FORSTER
Kapente, *Anas capensis*
Aquarell, 345 x 467 mm
Grauköpfchen, *Agapornis canus*
Aquarell, 541 x 367 mm
Südafrikanischer Springhase, *Pedetes capensis*
Aquarell und Bleistift, 540 x 367 mm
Kap-Mullratte, *Georychus capensis*
Aquarell, 369 x 540 mm

RECHTS UND GEGENÜBER

Der Botanische Garten am Kap war besonders wichtig, weil er als Aufbewahrungsort für Pflanzen diente, die zwischen Asien und Europa oder Amerika transportiert wurden. In den Gärten wurden sie neu eingesetzt, damit sie sich erholen konnten, was ihre Überlebenschancen erhöhte. Francis Masson wurde von Besuchern oft als „der botanische Gärtner des Königs" beschrieben. Erstmals besuchte er das Kap 1771 mit der HMS *Resolution*. Er blieb dort drei Jahre lang und unternahm drei Expeditionen ins Landesinnere, wobei er Pflanzen für die Ostindienkompanie und für die Royal Botanic Gardens in Kew sammelte.

FRANCIS MASSON
Seestern-Iris, *Ferraria crispa*
Aquarell, 1775
411 x 272 mm

FRANCIS MASSON
Baum der Reisenden,
Ravenala madagascariensis
Aquarell, 1789
348 x 490 mm

All of these figures of the Zebra are excellent, bu
they are on too large a scale and must be reduced
to the size of the figure in the large drawing, whic
figure is to be cancelled.

GEGENÜBER Harris war der Ansicht, Zeichnungen großer Vierbeiner wie des Zebras in naturkundlichen Büchern seien zumeist ungenau. Er erklärte, er habe als kleiner Junge zeichnen gelernt, indem er Thomas Bewicks Holzschnitte von Tieren kopierte, und seine Freizeit sei später dem Anfertigen von „akkuraten Porträts" von Tieren gewidmet gewesen.

WILLIAM CORNWALLIS HARRIS
Bergzebra, *Equus zebra*
Probedruck, ca. 1838
198 x 309 mm

OBEN „Giraffenjagd". Beim ersten Anblick einer Gruppe von Giraffen „pulsierte" Harris „das Blut durch die Venen wie Quecksilber". Er fragte sich, wie man an der Seite einer Giraffenherde reiten konnte „und seine Gefühle nicht aufgewühlt finden".

WILLIAM CORNWALLIS HARRIS
Giraffe, *Giraffa camelopardalis*
Farblithographie, ca. 1836
144 x 225 mm

OBEN Dieses Bild zeigt die jährliche Prozession von Kirchenmännern, welche traditionelle äthiopische Kreuze aus der Kirche St. Michael, Ankober, tragen. Die Kirche wurde 1825 von Sahla Sellasie (1813–1847) erbaut. Martin Bernatz erklärte in seinem Werk, der Schirm, den der Priester trage, sei das Symbol der Kirche und aus „reinem Silber" gemacht.

JOHANN MARTIN BERNATZ
Kathedrale von St. Michael
Wasser- und Deckfarbe,
[1842]
230 x 290 mm

OBEN Martin Bernatz beschrieb, wie der König nach der Fastenzeit eine ganze Woche für alle Tisch hielt und jeder freie Mann zu essen bekam. Es war ein aus politischen wie religiösen Gründen bedeutsames Ritual. Das auf diesem Bild dargestellte Bankett findet im Saal des Palasts statt.

JOHANN MARTIN BERNATZ
Bankettsaal des Palasts
Wasser- und Deckfarbe,
1842
230 x 290 mm

LINKS Einige von Bernatz' Bildern basierten auf Skizzen, die der Expeditionsleiter William Harris angefertigt hatte. Aber Bernatz' charakteristisch romantischer und etwas idealisierender Stil wird in all seinen Landschaftsgemälden und Darstellungen menschlicher Aktivität sichtbar.

JOHANN MARTIN BERNATZ
Wasserschöpfen an
der Quelle
Aquarell, ca. 1842
230 x 290 mm

20

(92)

GEGENÜBER UND LINKS

Bernatz gehörte zu der Gruppe, die fast fünf Monate länger in Tadjoura bleiben musste, bis eine ausreichende Anzahl an Kamelen verfügbar war, um sie ins Hochland zu bringen. Er machte seine Reise ins Königreich Shewa mit Ankunft in Ankober im März 1842. Dabei hielt er viele der Szenen unterwegs fest, zusammen mit Porträts von Menschen aus den unterschiedlichen ethnischen Gruppen, die ihm begegneten. 1852 publizierte er einen Band mit getönten Lithographien, basierend auf seinen Zeichnungen und einem Begleittext, der seinem Reisetagebuch entnommen war.

JOHANN MARTIN BERNATZ
Männliche Figur
Aquarell, ca. 1842
172 x 126 mm

JOHANN MARTIN BERNATZ
Weibliche sitzende Figur
Bleistift, ca. 1842
159 x 122 mm

OBEN UND RECHTS Die Zeichnungen von Gnu und Warzenschwein wurden anhand von toten Individuen gemacht, beide sind jedoch als lebende Tiere dargestellt, das Warzenschwein stehend und das Gnu auf der Flucht. Baines gelingt es, die Bewegung des Gnus großartig und genau einzufangen, was darauf hindeutet, ein wie guter Beobachter er in der freien Wildbahn war.

THOMAS BAINES
Weißschwanzgnu,
Connochaetes gnou
Aquarell, 1869
268 x 383 mm

THOMAS BAINES
Wüstenwarzenschwein,
Phacochoerus aethiopicus
Aquarell und Bleistift,
ca. 1870
273 x 382 mm

RECHTS Die Legende am unteren Rand dieser Zeichnung lautet: „Mangrovensumpf bei Niedrigwasser / Mündung des Kongone-Flusses / Sambesi-Delta 22. Nov. / 1859 T Baines / Der helle Baum ist Doacenna / die langen Tropfen sind die Samen der Mangrove / welche den weichen Schlamm durchbohren, wenn sie fallen / Rhizophora mucronata." Diese Zeichnung des Mangrovensumpfs wurde während der Livingstone-Expedition auf der Suche nach dem Sambesi angefertigt.

THOMAS BAINES
„Mangrovensumpf"
Aquarell, 1859
377 x 264 mm

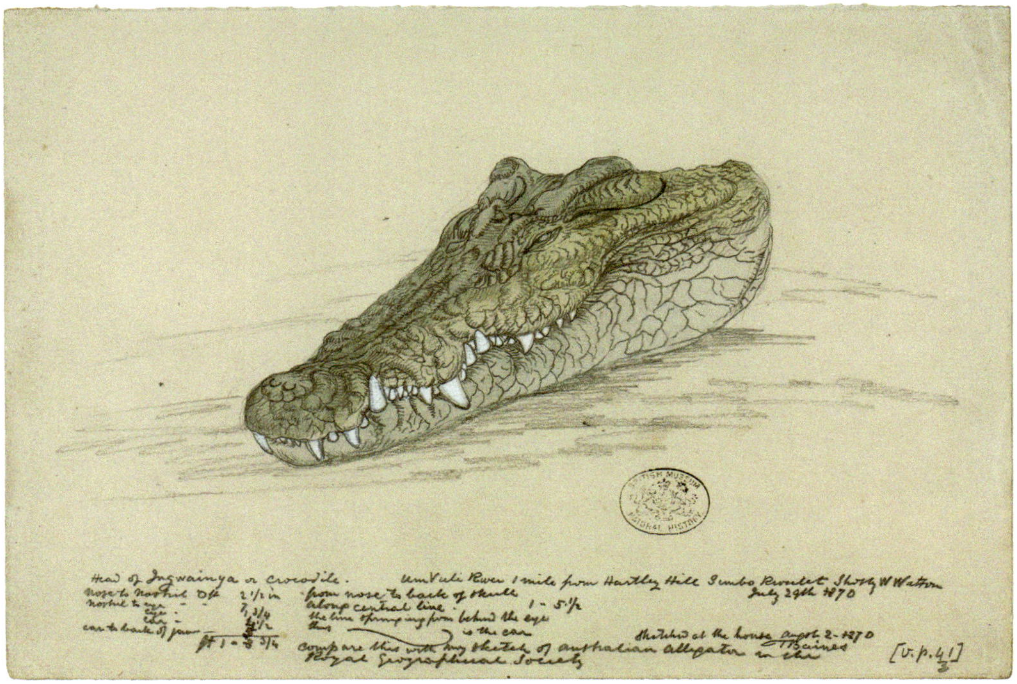

LINKS UND LINKS UNTEN

Nach der Livingstone-Expedition reiste Thomas Baines bei verschiedenen Gelegenheiten mit dem Photographen James Chapman. Beide führten Tagebuch und publizierten Bücher über ihre Expeditionen, wobei sie erkennen ließen, wie sie einander in ihrem jeweiligen künstlerischen Fachgebiet unterstützten, und erklärten, wie Photographie und Malerei bzw. Zeichnen einander als Methoden zur Aufzeichnung des Wildlebens und von Naturszenen ergänzten.

THOMAS BAINES
Krokodilkopf
Bleistift, Aquarell und Kreide, 1870
192 x 274 mm

THOMAS BAINES
Tüpfelhyäne,
Crocuta crocuta
Aquarell und Bleistift, 1870
273 x 382 mm

The Installation of NoBengulu – into the Supreme chieftainship of Matabili land – Monta
the young King exercising his first act of sovereignty by sacrificing cattle to the Manes of his fat
at Inthlathlangela Monday May 22 – 1870 –

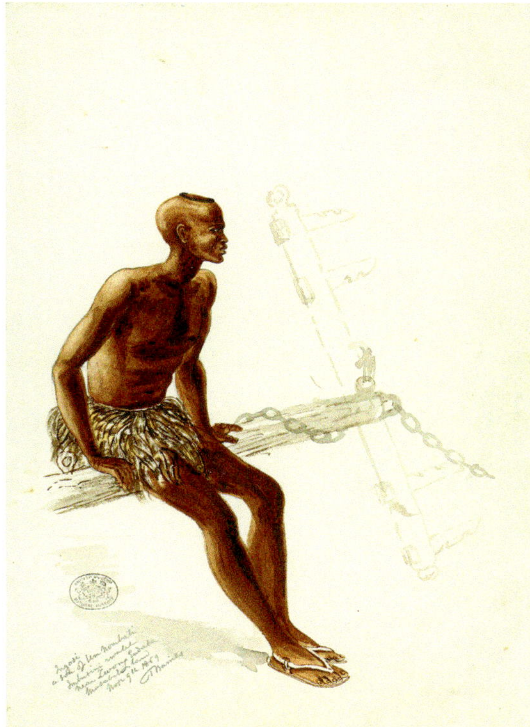

OBEN Thomas Baines produzierte Landschaftsbilder, naturkundliche Zeichnungen und außerdem eine große Zahl Porträts von südafrikanischen Menschen. Hier ist Ingosi, der Sohn von Um Nombati aus Matabeleland, abgebildet.

LINKS Die Menschen aus Matabeleland sind hier versammelt, um, im Februar 1870, Zeugen der Einsetzung ihres neuen höchsten Anführers, Notsengulu, zu werden. Baines erklärt, der junge König übe seinen ersten Akt als Souverän aus, indem er „zu Ehren seines Vaters Vieh opfert".

THOMAS BAINES
Amtseinsetzung von Notsengulu
Bleistift, 1870
272 x 381 mm

THOMAS BAINES
Ingosi, Sohn des Um Nombati
Aquarell, 1869
392 x 281 mm

RECHTS Zwei Seiten aus dem 21-seitigen Skizzenbuch von Claude Finch-Davies, die den Rosapelikan und den Nimmersatt zeigen. Der Pelikan ist in ganz Afrika weitverbreitet. Es ist ein großer, schwerer Vogel, der Binnengewässer und Sümpfe bewohnt und bei der Nahrungsaufnahme oft in großen Schwärmen auftritt. Der Storch, erklärte Finch-Davies, sei „eine seltene Art südlich des Sambesi".

CLAUDE FINCH-DAVIES
Rosapelikan,
Pelecanus onocrotalus
Aquarell, 1918
255 x 180 mm

CLAUDE FINCH-DAVIES
Nimmersatt,
Mycteria ibis
Aquarell, 1918
255 x 180 mm

LINKS UND UNTEN

Margaret Fountaine bereiste die Welt, u.a. Algerien sowie Ost- und Westafrika, auf der Suche nach Schmetterlingen. Ihre Skizzenbücher, die zwischen 1907 und 1939 entstanden, enthalten wunderschöne und detailreiche Aquarellillustrationen von Schmetterlingsraupen und -puppen aus aller Welt. Sie platzierte jede Raupe auf der jeweiligen Futterpflanze und wies diejenigen Arten aus, die für die Wissenschaft neu waren.

MARGARET FOUNTAINE
Skizzenbuch mit Lepidoptera
Aquarell, 1907–1939
Bd. 1: 127 x 180 mm
Bd. 4: 178 x 250 mm

Europa

DIETZSCH **EHRET** BAUER **AUBRIET** SPAENDONCK **REDOUTÉ** TYSON **PARSON**

ONE **ATKINS** SMITH **MACGILLIVRAY** HAECKEL **CHURCH** LEAR **FITCH** GOULD

EUROPA:
Der europäische Blick auf die Natur

EXPANDIERENDE IMPERIEN, VERBESSERTE NAUTISCHE KENNTNISSE und zunehmender Handel zwischen den europäischen Nationen und ihren Kolonien gaben einigen Künstlern die Gelegenheit, Pflanzen und Tiere in ihrem natürlichen Lebensraum zu beobachten und zu zeichnen. Die kolonialen Handelsverbindungen boten auch Wissenschaftlern und Künstlern, die in Europa blieben, die Aussicht, Flora und Fauna weit entfernter Länder zu studieren, wenn auch ohne ihren Kontext. Es war nun möglich, Kenntnisse über bislang unbekannte Pflanzen, Tiere und Menschen zu erwerben, ohne dafür auch nur das Studierzimmer zu verlassen. Von dort aus konnte man den Kolonien die „korrekte" wissenschaftliche Erklärung ihrer Naturgegebenheiten aufoktroyieren. Die Einfuhr exotischer Pflanzen und Tiere begünstigte die Nachbildung kolonialer Landschaften in den Gärten, Volieren und Menagerien der Reichen und beeinflusste die Schaffung künftiger öffentlicher botanischer und zoologischer Gärten. Zugleich mit der Zurschaustellung von Naturwundern aus der ganzen Welt in den eigenen Parks und Gewächshäusern war es auch möglich, Freunde mit handkolorierten Bänden botanischer und zoologischer Zeichnungen zu beeindrucken.

Die Aussichten für Künstler, sich ihren Lebensunterhalt durch das Zeichnen der Natur zu verdienen, waren nie besser als im 18. Jh., auch wenn so manch begabter Zeichner sein Einkommen anderweitig aufbessern musste. Naturkunde-Kunst in all ihren Formen war eine Wachstumsindustrie. Manchen gelang es, reiche Förderer oder Gelehrtengesellschaften zu finden, die ihre Kunst durch Aufträge oder Aufkauf bestehender Werke förderten. Der Bedarf eines sich stetig ausweitenden Klientenkreises an wissenschaftlichen Zeichnungen stieg und es fanden immer mehr Künstler Beschäftigung als Maler, Kupferstecher oder Lithographen. So, wie es den Museums- oder Labornaturkundler gab, gab es auch Künstler, die Beschreibungen illustrierten, ohne die jeweilige Art je in deren natürlichem Lebensraum gesehen zu haben. Bis zur Mitte des 19. Jhs. wurde dies immer üblicher und traf auf einige der angesehensten Illustratoren wie John Gould und Walter Hood Fitch zu.

Die Grenze zwischen Stillleben-Blumenmalerei und botanischen Illustrationen ist manchmal nicht ganz einfach zu ziehen, insbesondere für die erste Hälfte des 18. Jhs. Die niederländischen und flämischen Blumenmaler produzierten großartige Ölgemälde kunstvoller Blumensträuße in spektakulärem Licht. Viele wechselten über zur Produktion wundervoll zarter Aquarellbilder von einzelnen Blumen, deren Zweck es war, neu kultivierte Arten zur Schau zu stellen, die über verschiedene Aufzuchtgärten verkauft wurden. Oft waren hierbei ganze Familiengenerationen involviert; eine der berühmteren war die niederländische Familie van Huysum.

Auch in Deutschland gab es Künstlerdynastien. Unter den bekanntesten dieser Zeit war die Dietzsch-Familie aus Nürnberg, einem wichtigen Zentrum für botanische Kunst im frühen 18. Jh. Mehrere Mitglieder der Familie waren Nürnberger Hofmaler und ein charakteristisches Merkmal ihrer Arbeit war das Anlegen ihrer Gemälde auf einem dunkelbraunen oder schwarzen Hintergrund. Der Einfluss der Tradition der Stillleben-Blumenmalerei auf die Künstlerin Maria Sibylla Merian ist auffallend, während ihr Werk wiederum spätere Künstler mitprägte, welche beide Genres verbanden.

Es war in Deutschland, wo einige der ersten wissenschaftlichen Künstler des 18. Jhs. hervortraten, darunter Georg Dionysius Ehret. 1708 in Heidelberg geboren, machte Ehret mehrere Jahre eine Lehre als Gärtner. Er brachte sich selbst die Technik der Aquarellmalerei bei und mit seinem Wissen über Pflanzen entschied er sich im Alter von 23 Jahren, seinen Lebensunterhalt als Künstler und Botaniker zu bestreiten. Er gilt als der erste Künstler, der seine Arbeit ausschließlich der Botanik widmete, und wurde zum gefeiertsten Pflanzenzeichner seiner Zeit. Bevor er Deutschland endgültig verließ, hielt sich Ehret in Nürnberg auf, wo er den Arzt Christoph Jacob Trew traf, der sein Förderer und lebenslanger Freund wurde. In den 1730ern reiste Ehret nach Holland, ließ sich dann aber in England nieder, wo er viele Jahre lang in den Gärten wohlhabender Förderer arbeitete und neu eingeführte Pflanzen aus aller Welt darstellte. Als Joseph Banks 1766 von einem Besuch in Neufundland nach England zurückkehrte, beschäftigte er Ehret, um die von ihm gesammelten Pflanzen zu zeichnen.

Die Lobeshymnen auf Ehret waren unübertroffen, bis die Arbeiten der beiden Bauer-Brüder bekannt wurden. Der in Österreich gebürtige Franz Bauer besuchte 1788 London in der Absicht, seine Reise nach Paris fortzusetzen. Seine Pläne wurden durch Sir Joseph Banks durchkreuzt, der so beeindruckt war von Bauers Kunstfertigkeit, dass er ihm eine Stelle als Botanikmaler in den Royal Botanic Gardens in Kew offerierte. Anfangs bezahlte Banks sein Gehalt und erst in späteren Jahren wurde Bauer direkter Angestellter der Gärten, wo er zum herausragenden Botaniker wurde. Er ist einer der technisch raffiniertesten aller botanischen Künstler und schuf mithilfe eines Mikroskops einige wunderbar detaillierte Studien von Pflanzenstrukturen.

Frankreich hatte ebenfalls eine beträchtliche Zahl an gefeierten Blumenmalern und botanischen Illustratoren vorzuweisen. Der Jardin du Roi wurde 1626 geschaffen, und nach der Französischen Revolution in Jardin des Plantes

ARCHIBALD THORBURN
Große Hufeisennase,
Rhinolophus ferrumequinum
Aquarell, 1919
414 x 527 mm

OBEN Es war der Anatomen-Kollege William Cowper, der die bemerkenswerten Zeichnungen zur Illustration von Edward Tysons Buch über Schimpansen ausgeführt hat. Cowper steuerte auch das Kapitel über die Muskeln bei.

WILLIAM COWPER
Schimpanse, *Pan troglodytes*
Kupferstich, 1699
376 x 210 mm

umbenannt, ist er bis heute der wichtigste botanische Garten von Paris. Beinahe von Anfang an beschäftigte er Künstler. Claude Aubriet wirkte dort viele Jahre lang und arbeitete mit dem Botaniker Joseph Pitton de Tournefort an dessen 1694 publizierten *Elemens de Botanique*. Um 1700 reiste er auch zwei Jahre lang mit Tournefort als dessen Künstler durch die Levante und setzte nach seiner Rückkehr seine Arbeit im Garten fort. 1707 wurde er königlicher botanischer Maler. Zu denen, die Aubriet in dieser Rolle nachfolgten, gehörten der in den Niederlanden geborene Gerard van Spaendonck und sein Schüler, der Belgier Pierre-Joseph Redouté.

Der Boom der botanischen Kunst im späten 18. und frühen 19. Jh. spiegelte Linnés unmittelbaren Einfluss auf die Disziplin der Botanik wieder. Sein auf den Geschlechtsmerkmalen von Pflanzen basierendes taxonomisches System, erstmals beschrieben 1735 in *Systema Naturae*, bot den Künstlern eine Methode zur Offenlegung der für klassifikatorische Zwecke notwendigen Fakten. Die Zunahme botanischer Illustrationen hatte ihr Gegenstück in anderen Bereichen der Naturkunde. Bereits im späten 17. Jh. hatten französische und englische Anatomen begonnen, ihre Forschung auf die komparative Anatomie auszudehnen. Diese Männer sahen alle Tierformen als bis zu einem gewissen Grad verwandt an und der Zweck der Untersuchung von deren Aufbau war es, die verborgenen Beziehungen zwischen Tieren aufzudecken. Sie erkannten auch allmählich, dass der Mensch viele anatomische Eigenschaften mit anderen Tieren teilt. Für einen Großteil des 18. Jhs. war die komparative Anatomie ganz auf die Untersuchung anatomischer Strukturen beschränkt und erst mit Zoologen wie Georges Cuvier, Johannes Müller, Charles Bell und Richard Owen weitete sich die Disziplin um Embryologie, Physiologie und Morphologie aus.

Der Vater der englischen komparativen Anatomie ist Edward Tyson. Seine Monographie *Orang-outang, sive Homo sylvestris: or, the Anatomy of a Pygmie compared with that of a Monkey, an Ape, and a Man*, publiziert 1699, blieb bis zum 19. Jh. ein Schlüsselwerk. Tysons Buch war eine Studie über einen Schimpansen, der bald nach seiner Ankunft in London im Jahr 1697 starb, und nicht über den titelgebenden Orang-Utan. Tyson brachte es fertig, an den Körper zu gelangen, um ihn sezieren und untersuchen zu können. Das Buch ist großartig illustriert mit acht Kupferstichen seines Kollegen William Cowper und zeigt erstmals, wie ähnlich sich Affe und Mensch in ihrem Aufbau sind. Es diente einigen der führenden Naturforscher ihrer Zeit als Bezugspunkt, darunter Comte de Buffon und Georges Cuvier in Frankreich und Charles Darwin und Richard Owen in England. Der von Tyson sezierte Schimpanse war eines der exotischen Tiere, die immer öfter nach Europa gebracht wurden. Bereits 1515 fertigte Albrecht Dürer einen wunderbaren Holzschnitt von einem Panzernashorn. Dürer hatte nicht das Glück, das wilde Tier wirklich zu sehen zu bekommen, und musste sein Bild ausgehend von einer flüchtigen Skizze und einer Beschreibung fertigen. 1739 sandte die Ostindienkompanie ein

OBEN Das Panzernashorn auf dem Stich aus dem Jahr 1739 von Gerard van der Gucht nach einer Zeichnung von James Parsons war erst das zweite, das man in England zu sehen bekam, nachdem das erste 1684/85 dort angelangt war.

JAMES PARSONS
Panzernashorn,
Rhinoceros unicornis
Rhinoceros: A Natural History of Four-footed Animals, 1739
Kupferstich
344 x 411 mm

Rhinozeros nach London, wo es ausgestellt wurde. Der englische Künstler Gerard van der Gucht machte einen Stich davon nach einer Zeichnung von James Parsons, der auch ein Ölgemälde des Tiers produzierte.

Die Aufklärung ermöglichte enthusiastischen Naturforschern und Künstlern aus allen Gesellschaftsschichten die Verfolgung ihrer Interessen. Unter den erfolgreicheren Kunstschaffenden war eine beträchtliche Anzahl an Frauen. Sarah Stone arbeitete als Naturkunde-Illustratorin, die Aufträge von Sir Ashton Lever, Sir Joseph Banks und anderen prominenten Sammlern erhielt. Sie malte Aquarelle von vielen der von Expeditionen weltweit mitgebrachten Exemplare, darunter jenen von Cooks Reisen. Eine weitere Künstlerin und hervorragende Naturforscherin war Anna Children, nach ihrer Heirat als Anna Atkins bekannt. John Children, Annas Vater, war ein anerkannter Naturforscher, der seiner Tochter eine Ausbildung verschaffte, welche die gesamte Bandbreite der Naturkunde umfasste. Vater wie Tochter arbeiteten mit dem französischen Naturforscher Jean-Baptiste Lamarck für sein Werk über Muscheln zusammen, wobei der Vater das Werk übersetzte und die Tochter es illustrierte. Anna entwickelte ein Interesse an Photographie und wurde von dem englischen Astronomen Sir John Herschel in der Herstellung von Photogrammen mittels Cyanotypie unterwiesen. Sie war die Erste, die ein Werk publizierte, das Eisenblaudrucke britischer Algen enthielt, und gilt heute als Pionierin der naturkundlichen Photographie.

Bis zur zweiten Hälfte des 18. Jhs. nahm eine zunehmende Zahl von Wissenschaftlern Forschungen zur Erdgeschichte und -zusammensetzung auf. Es gab immer mehr Beweise, dass die Erde weit älter war als angenommen, und neue Theorien zum Prozess der Gesteinsbildung entstanden. Es bildeten sich zwei Gedankenschulen aus: Eine bejahte die biblische Vorstellung von einer großen Flut und eine hielt vulkanische Aktivität für verantwortlich für die Formation der Gesteinsschichten über eine lange Zeitperiode hinweg. Die Kartierung der Erdzusammensetzung und die Datierung verschiedener Schichten durch Fossilien kamen im frühen 19. Jh. in Schwung und die bildliche Darstellung der Daten machte ebenfalls enorme Fortschritte. Der englische Geologe William Smith war der Erste, der 1815 eine geologische Karte von Großbritannien produzierte, die sich wenig von heutigen Versionen unterscheidet. Mit Beginn des 19. Jhs. betrachteten Industrielle und diejenigen, die mit der Schaffung von Imperien befasst waren, die Naturwissenschaften als etwas, das sie sich zu Nutze

LINKS Anna Atkins begann mit der Veröffentlichung ihres Buchs *British Algae: Cyanotype Impressions* 1843. Fertiggestellt war es 1853, mit insgesamt 389 handgefertigten photographischen Tafeln. Atkins' Buch stellte die erste Veröffentlichung dar, in der Photographien anstelle der traditionellen Methode der Illustration verwendet wurden. Sie war auch unter den ersten Botanikern, welche Studien zum Thema Algen betrieben und darüber publizierten.

ANNA ATKINS
Dictyota dichotoma
oder *Chondrus crispus*
British Algae: Cyanotype Impressions, 1853
255 x 200 mm

machen konnten. Allmählich ersetzte nun der Berufswissenschaftler den Amateur, der im 18. Jh. die dominierende Kraft gewesen war. Eine merkliche Verschiebung vollzog sich auch bei den Künstlern. Während der Aufklärung entwickelten viele fähige Künstler ein tiefes Verständnis für ihren Gegenstand und wurden hervorragende Naturforscher; bis Mitte der 1800er gab es Wissenschaftler, die sowohl Spezialisten auf ihrem jeweiligen Fachgebiet waren als auch versierte und manchmal exquisite Künstler. Drei Berufskünstler und -wissenschaftler, die für das 19. Jh. in seiner Gesamtheit repräsentativ sind und diese Verschiebung verkörpern, sind William MacGillivray, Ernst Haeckel und Arthur Harry Church.

Der aus Schottland stammende Naturforscher William MacGillivray war Vogelexperte und ein begabter Künstler. 1796 geboren, war er einer der ersten berufsmäßigen Naturforscher. Er war Assistenzprofessor für Naturkunde an der Universität Edinburgh und wurde später zum Kurator des Museums des Royal College of Surgeons ernannt. Hier besuchte der junge Charles Darwin, wenn er seine Medizinvorlesungen schwänzte, MacGillivray und seine Sammlungen. 1841 erhielt MacGillivray eine Professur für Naturkunde am Marischal College, Aberdeen. Ungeachtet dieser offiziellen Seite seiner Laufbahn war er ganz Feldforscher, dem nichts lieber war, als Hunderte von Meilen zu Fuß zu reisen und die Natur zu erkunden und zu beobachten. Wie Alexander Wilson vor ihm verurteilte MacGillivray den Studierstuben-Wissenschaftler, der Exemplare untersucht, ohne das entsprechende Geschöpf je in seinem natürlichen Habitat gesehen zu haben. MacGillivray schuf verblüffende Porträts von Vögeln und Säugetieren, wobei er die natürliche Schönheit des Gegenstands mit sorgfältig wiedergegebenen Details verband. Er brachte bedeutende eigene Werke hervor und trug zu anderen bei, so verfasste er etwa den wissenschaftlichen Begleittext zu Audubons *Ornithological Biography*.

Ernst Haeckel wurde 1834 in Potsdam geboren. Unter dem Einfluss des Physiologen Johannes Müller, seinem Professor beim Medizinstudium an der Berliner Universität, wandte sich Haeckel später der Zoologie zu und spezialisierte sich auf maritime Lebensformen. Er wurde Professor für Vergleichende Anatomie an der Universität Jena, eine Position, die er 47 Jahre lang innehatte. Haeckel arbeitete in verschiedenen Bereichen der Zoologie und ist am bekanntesten für seine Arbeit über Strahlentierchen, einzellige Protozoen, die sich im Plankton finden. Er entdeckte Hunderte neuer Arten und schuf einige verblüffende Darstellungen von Meereslebewesen. Haeckel wurde zum führenden Verfechter der Evolutionstheorie in Deutschland, wobei er stärker der Idee des französischen Naturforschers Jean-Baptiste Lamarck von der Vererbung erworbener Eigenschaften zuneigte als Darwins Idee von der natürlichen Auslese. Er maß der „Form" die allüberragende Bedeutung zu und seine Illustrationen zeigen sein Verständnis einer von Symmetrie und Ordnung regierten Natur.

Haeckels Kunst war für Wissenschaft und breiteres Publikum etwas Neues. Seine Illustrationen passten bestens in die Kunst- und Designbewegung der Zeit. 1899 publizierte Haeckel den

GEGENÜBER Diese außergewöhnliche Zusammenstellung verschiedener Eidechsenarten stammt aus Ernst Haeckels Werk *Kunstformen der Natur*. Es ist eine Komposition aus 100 Tafeln hauptsächlich von Meerespflanzen und -tieren. Als junger Mann erwog Haeckel eine Laufbahn als Maler, entschied sich aber letztlich für das Studium der Naturwissenschaft und verband schließlich beides in seinen Kunstwerken.

ERNST HAECKEL
Verschiedene tropische Eidechsen
Kunstformen der Natur, 1899–1904
Kolorierte Lithographie
355 x 263 mm

GEGENÜBER Hooker fertigte Skizzen der Rhododendren, die er entdeckte, während er im Himalaya-Gebirge reiste, und sandte sie an Walter Hood Fitch in London, der davon ausgehend die Lithographien für *The Rhododendrons of Sikkim-Himalaya* (1849–1851) schuf. Fitch bekam keine lebenden Beispiele der Rhododendren zu Gesicht, sondern arbeitete einzig und allein mit den Skizzen und hatte zuweilen zusätzliche Anhaltspunkte durch ein getrocknetes Exemplar.

WALTER HOOD FITCH
Rhododendron fulgens
The Rhododendrons of Sikkim-Himalaya,
1849–1851
Handkolorierte Lithographie
495 x 350 mm

ersten einer Serie von Drucken mit dem Titel *Kunstformen der Natur*. Diese Illustrationen waren es vor allem, die so viele Künstler, Designer und Architekten in Europa beeinflussten.

1865 geboren, ist Arthur Harry Church ein gutes Beispiel für einen Wissenschaftler und Künstler des frühen 20. Jhs. Nach Zuerkennung zweier Stipendien besuchte Church das Queen's College und das Jesus College in Oxford. Church blieb zeitlebens in Oxford und wurde „einer der am wenigsten weit gereisten Botaniker Großbritanniens".[1] Gleich nachdem er sein Studium der Botanik mit Auszeichnung abgeschlossen hatte, wurde er dem Institut für Botanik als Assistent zugeordnet. Church entwickelte einen eigenen künstlerischen Stil, um die innere Struktur von Pflanzen in deren verschiedenen Entwicklungsstadien zeigen zu können. Seine Kunst ist trotz deutlicher Unterschiede zu der von Haeckel zweifelsohne deutlich vom Jugendstil beeinflusst, welcher auf seinem Höhepunkt war, als Church die Illustrationen für sein unvollendet gebliebenes Werk *Types of Floral Mechanism* schuf.

Die eigene Arbeit auf geeignete Weise veröffentlichen zu können, war für die meisten Naturforscher und Künstler des 18. und 19. Jhs. entscheidend. Der Fortschritt bei den Drucktechniken und die Erfindung von Lithographie und Photographie beförderten die zunehmende Publikation von wissenschaftlichen Monographien, Reisebüchern und Zeitschriften. Im letzten Viertel des 18. Jhs. fanden viele Künstler Arbeit bei der Herstellung von Farbtafeln für die verschiedenen populärwissenschaftlichen Magazine und Zeitschriften. Zu den erfolgreichsten gehört William Curtis' *Botanical Magazine*, erstmals 1787 publiziert und seither bis zum heutigen Tag fast ohne Unterbrechungen erscheinend. Zoologische Pendants dazu waren etwa George Shaws *Naturalist's Miscellany* (1789 bis 1813) und William Jardines *The Naturalist's Library* (1833 bis 1861), welche eine Reihe bekannter Künstler wie Edward Lear und Prideaux Selby beschäftigten. Andernorts in Europa nahmen bedeutende Publikationen wie *Flora Danica* in Dänemark und der *Hortus Sempervirens* in Deutschland die Arbeiten einiger der besten naturkundlichen Illustratoren ihrer Zeit auf. In Frankreich haben die grandiosen Bände von Redouté, darunter *Les Liliacées* und *Les Roses*, ihre Bedeutung bis heute nicht verloren.

Nicht alle Veröffentlichungen waren erfolgreich, der berühmteste Misserfolg ist vielleicht Robert Thorntons *Der Tempel der Flora*, im Original publiziert 1799–1807. Das Werk enthielt etwa 30 großformatige Farbtafeln von erstmals in ihrem natürlichen Habitat dargestellten Blumen. Die Kosten waren enorm und das Werk verkaufte sich nicht gut. Die Napoleonischen Kriege, so Thornton, waren schuld daran, führten sie doch zur Besteuerung der „mäßig Reichen … um bewaffnete Männer dafür zu bezahlen, dass sie Plünderung, Feuer und Mord über das zivilisierte Europa bringen".[2]

Reisende Naturforscher, die ihre Berichte publiziert sehen wollten, wandten sich oft hilfesuchend an Gelehrtengesellschaften oder die jeweilige Regierung, um so die Kosten zu decken. Das gelang nur wenigen, der Erfolg der meisten Publikationsunterfangen hing von harter Arbeit in Form

Tab

des Gewinnens von Subskribenten oder von eigener Risikoübernahme ab. Die mit der Herstellung von Farbtafeln verbundenen Kosten konnten astronomisch hoch sein. Da war die langwierige Prozedur des Kupferstichs, bei dem es sich um ein Tiefdruck- und kein Hochdruckverfahren handelt, so dass für die Tafeln eine andere Druckerpresse verwendet werden musste als für den Text. Dann mussten die Stiche von Hand koloriert werden, üblicherweise durch Familien von Koloristen. Für Naturforscher ohne künstlerische Begabung entstanden weitere Kosten für die Beschäftigung eines Künstlers zum Anfertigen der Originalzeichnungen für den Kupferstecher.

Als Künstler für einen reisenden Wissenschaftler beschäftigt zu sein, ohne selbst je zu reisen und eine Pflanze oder ein Tier im natürlichen Lebensraum zu sehen zu bekommen, konnte Probleme aufwerfen. Nach einer Beschreibung zu zeichnen war schwierig. Ein lebendes Exemplar zur Verfügung zu haben, war eine Verbesserung, aber nicht immer realisierbar. Für manche Künstler waren Präparate alles, woran sie sich halten konnten, um eine lebenssprühende Zeichnung zu schaffen. Walter Hood Fitch, der 43 Jahre lang der einzige Künstler für das *Botanical Magazine* war, produzierte auch botanische Illustrationen für andere Naturforscher und Publikationen. Seiner Arbeit kam zugute, dass er auch seine Lithographien selbst fertigte, eine Druckart, in der er es im Laufe seines Lebens zur Meisterschaft brachte. Fitch produzierte die Farbtafeln für Joseph Hookers *The Rhododendrons of Sikkim-Himalaya*. Für manche Tafeln bekam Fitch nie ein lebendes Individuum der Pflanze zu sehen. Er verließ sich ganz auf Skizzen und die getrockneten Exemplare von Hooker sowie seine eigenen Pflanzenkenntnisse.[3]

Während Fitch grandiose Pflanzenzeichnungen anhand von Präparaten produzierte, tat John Gould genau dasselbe mit Vögeln. Gould hatte seine Laufbahn als Gärtner begonnen, aber sein wirkliches Interesse galt den Vögeln. Als junger Mann erlernte er das Handwerk der Taxidermie und wurde darin so versiert, dass er mit 20 in London sein eigenes Geschäft eröffnete. Gould war darüber hinaus ein fähiger Künstler und studierte Vögel unter allen nur erdenklichen Gesichtspunkten. Dabei entwickelte er sich zu einem maßgeblichen und hochgeachteten Ornithologen. Er produzierte über 40 Buchbände, die 3.000 Illustrationen von Vögeln und Säugetieren aus aller Welt enthielten. Oft machte er Skizzen, die von einem oder mehreren Künstlern aus seinem gut koordinierten Team zu Aquarellen ausgearbeitet wurden. Zu diesem Team gehörten Künstler wie Edward Lear, William Hart und Joseph Wolf. Von dem Aquarell übertrug Goulds Lithograph bzw. Lithographin – bis zu ihrem Tod mit 39 seine Frau Elizabeth – die Zeichnung auf den Stein und es wurde davon eine Reihe von Abzügen gemacht. Diese wurden dann an die von Gould beschäftigte Koloristenfamilie gesandt.

Bei der Arbeit an seinem Werk *Die Vögel Europas* bereiste Gould mehrere europäische Länder und suchte die Vögel in Zoos oder Privatsammlungen auf. Er verbrachte auch zwei Jahre in Australien, was ihn mit einem großen Materialreichtum für *Birds of Australia* versah. Für die über-

GEGENÜBER John Goulds Publikationsleistung war enorm und er brachte großartige Arbeiten über Vögel aus aller Welt hervor. Sein wissenschaftlicher Beitrag zur Ornithologie ist unübertroffen und die Illustrationen für seine Bücher stammten von einigen der talentiertesten Künstler des 19. Jhs. Eine Schlüsselposition unter all diesen Werken nehmen seine Bände über Kolibris ein, die 418 handkolorierte Tafeln umfassen.

JOHN GOULD
Blaustern-Antillenkolibri,
Eulampis holosericeus
Pflanze: *Mandevilla*-Art
A Monograph of the Trochilidae, 1861
Handkolorierte Lithographie
546 x 375 mm

GEGENÜBER Die russische Künstlerin Olga Makrushenko konstruiert ihre Arbeiten, indem sie Airbrush-Overlaytechniken verwendet. Ein komplizierter Prozess, der Geduld erfordert, ein ausnehmend gutes Auge für Details und ein hervorragendes Verständnis dessen, wie das Endergebnis aussehen soll. Die Technik trägt eine durchscheinende Weichheit in ihre Naturdarstellungen.

OLGA MAKRUSHENKO
Muschel und Krabbe
Mischtechnik, 2000
80 x 100 mm

wiegende Mehrzahl der Zeichnungen jedoch bekamen Gould und seine Künstler den lebenden Vogel nie zu Gesicht. Gould war führend bei der Entwicklung neuer Techniken und eines seiner schönsten Experimente war eines mit den Koloristen für sein *Monograph of the Trochilidae or Family of Humming-Birds*. Um das Schillern der Federn einzufangen, brachte Gould zarte Goldblättchen auf der Seite auf, die dann mit transparenten Öl- und Lackfarben übermalt wurden. Das Ergebnis war großartig und ist bislang unerreicht.

Gould und seine Gruppe von Vogelmalern waren eine Inspirationsquelle für nachfolgende Künstlergenerationen. Viele davon lebten am Ende in England, angezogen von Goulds Einfluss, der Bedeutung der Zoological Society und der Tatsache, dass London zum Mittelpunkt für ornithologische Publikationen geworden war. Ebenfalls in England befand sich zu der Zeit eine kleine Gruppe wohlhabender Naturforscher, die heute als die letzten großen Mäzene naturkundlicher Kunst gelten. Zu ihr gehörten Arthur Hay, 9. Marquis von Tweedale, und Lionel Walter Rothschild, 2. Baron Rothschild.

Rothschilds kindliches Interesse an Naturkunde entwickelte sich bis zu der Zeit, als er ein junger Mann war, zu einer Leidenschaft. Zu seinem 21. Geburtstag wurde ihm ein kleines Museumsgebäude auf dem Anwesen der Familie geschenkt, wo er seine Sammlungen mit Exponaten aus aller Welt unterbrachte. Er finanzierte mehrere Sammelexpeditionen, darunter solche zu den Galapagosinseln. Außerdem trug er eine großartige Bibliothek zusammen und beauftragte Künstler mit Zeichnungen für verschiedene Publikationen, darunter seine eigene: *Novitates Zoologicae*. Unter den Künstlern, die seine Unterstützung fanden, waren die in den Niederlanden geborenen John Gerrard Keulemans und Joseph Smit, der Däne Henrik Gronvold und der Preuße Joseph Wolf. Diese Gruppe wirkte an verschiedenen von Rothschild finanzierten Projekten mit und arbeitete auch mit anderen Künstlern zusammen wie etwa dem Schotten Archibald Thorburn, einem weiteren von John Gould beeinflussten Vogelmaler. Manche, wie Smit und Gronvold, arbeiteten auch jahrelang inoffiziell im Britischen Museum und sie alle gelten als ausgezeichnete zoologische Illustratoren. Jedoch blieben sie allesamt nicht unberührt von den unterschwelligen Einflüssen ihrer Zeit und viele ihrer Kunstwerke sind eher als künstlerische Tierporträts zu betrachten denn als wissenschaftliche Abbildungen.

Heutige Wissenschaftler sind wahrscheinlich weit weniger auf naturkundliche Kunst angewiesen als frühere Generationen. Dies liegt teilweise an Veränderungen in der Forschung. Technologische Entwicklungen und neue Methoden, eine Art bildlich zu erfassen, haben auch Auswirkungen darauf, wie naturkundliche Kunst heute produziert und was von ihr verlangt wird. Taxonomie ist nicht mehr so in Mode wie einst und hat sicher weniger Zulauf. Ein Großteil der systematischen Arbeit auf diesem Gebiet spielt sich auf molekularer Ebene ab und der Forschungsschwerpunkt liegt auf der Biodiversität und den Prozessen, welche die Welt um uns herum geformt haben, zusammen mit den

Beziehungen zwischen Organismen und Mineralien. Der Photographie kommt nun eine wichtige Rolle bei der Naturforschung zu, oft ist sie das bevorzugte Medium für praktische Handreichungen zur Bestimmung. Auch scheinen qualitativ hochwertige Filme und Fernsehserien Zeitschriften und Magazine ersetzt zu haben, wenn es darum geht, das Interesse der Allgemeinheit an der Naturkunde zu wecken. Nichtsdestotrotz ist das Publikum, das naturkundliche Kunst zu schätzen weiß, größer denn je, und es gibt nach wie vor viele, die diese Spezialisierung gewählt haben. Noch immer gibt es Künstler, die akribisch Vögel, Tiere und Pflanzen studieren und wunderbar detaillierte Porträts des von ihnen Beobachteten hervorbringen. Elizabeth Butterworth und Olga Makrushenko sind zwei solche Künstlerinnen. Und da gibt es diejenigen, die nach wie vor bereit sind, um die ganze Welt zu reisen, um ein seltenes Insekt oder einen Vogel ausfindig zu machen oder einer neuen Entdeckung nachzugehen. Ein zeitgenössisches Beispiel ist Bryan Poole, der jüngst in die Karibik gereist ist auf der Suche nach dem Granatkolibri und den Helikonien, von denen sich die Vögel ernähren. Poole ist der jüngste in einer langen Reihe von Naturkunde-Künstlern, welche sich auf die andere Seite des Erdballs begeben haben, um seltene und interessante Arten auf Papier einzufangen, ein Trend, der ernsthaft im späten 17. Jh. begann und sich bis heute fortsetzt.

GEGENÜBER Die Iris gehört zu den ältesten in der Kunst dargestellten Blumen. Die Bart-Iris ist ein typisches Beispiel für die vielen (Kultur-)Arten, die sich im Laufe der Jahrhunderte entwickelten und oft in niederländischen und flämischen Blumengemälden dargestellt wurden. Diese hier von Maria Sibylla Merian wurden auf Pergament zur Darstellung gebracht.

OBEN Dieses wunderschöne Aquarell mit Früchten von Maria van Huysum könnte ebenso gut als Stillleben betrachtet werden wie als naturkundliche Illustration. Zur Familie van Huysum gehörte eine große Anzahl von bekannten Künstlern, von denen viele Blumenmaler in der großen niederländischen Tradition waren; andere, wie Jacobus van Huysum, waren aber auch botanische Künstler.

MARIA SIBYLLA MERIAN
Iris, *Iris*-Art
Wasser- und Deckfarbe auf Pergament, ca. 1690er
336 x 268 mm

MARIA VAN HUYSUM
Pflaumen, *Prunus*-Art
Aquarell, ca. frühe 1700er
206 x 327 mm

JOHANN GUSTAV HOCH
Sammlung von Muscheln,
Im Uhrzeigersinn von oben links:
Admirals-Kegelschnecke,
Conus ammiralis
Bischofs-Kegelschnecke,
Conus episcopus
Jungfrauenkegelschnecke,
Conus virgo
Echte Wendeltreppe,
Epitonium pretiosum
Kaiserkegelschnecke,
Conus imperialis
Aquarell, ca. 1771
230 x 364 mm

JOHANN CHRISTOPH DIETZSCH
Mandeleibisch,
Hibiscus mutabilis
Deckfarbe, ca. 1750
277 x 199 mm

LINKS Johann Hoch war in erster Linie ein Porträt- und Landschaftsmaler. Mitte der 1700er Jahre nahm er ein wachsendes Interesse an naturkundlicher Kunst wahr, als man anfing, verschiedene Organismen systematisch zu untersuchen. Hoch produzierte Hunderte von Aquarellen von Weich- und Schalentieren und bemühte sich, die subtilen Farbvariationen seiner Motive einzufangen.

GEGENÜBER Johann Christoph Dietzsch war ein Landschaftsmaler, der auch viele Blumengemälde hervorbrachte. Wie andere Mitglieder seiner Familie situierte er seine Gemälde auf einem dunkelbraunen oder schwarzen Hintergrund, was einen wunderbaren Kontrast zu den leuchtenden Farben bildete, mit denen er sein Motiv wiedergab.

from the Esdaile Collection

GEGENÜBER Pergament war anstelle von Papier das bevorzugte Medium für George Ehret. Von der Hand eines versierten Künstlers ist die Wirkung von Wasser- und Deckfarben auf Pergament verblüffend, wie bei dieser Zeichnung einer Magnolie. Ehret gelingt es großartig, die wächserne Beschaffenheit der Blütenblätter dieser Blume herauszuarbeiten.

GEORG EHRET
Magnolie,
Magnolia grandiflora
Wasserfarbe auf Pergament,
1744
469 x 354 mm

RECHTS Ehret war zu seinen Lebzeiten der bekannteste botanische Künstler. Nachdem er sich in London niedergelassen hatte, war er bei vielen gefragt, die ausgedehnte Gärten besaßen, und wurde eingeladen, ihre Lieblingspflanzen zu zeichnen, von denen eine vermutlich dieser Taro ist, der in Indien und Südostasien heimisch ist.

GEORG EHRET
Taro, *Colocasia esculenta*
Wasser- und Deckfarbe,
ca. 1740er
519 x 360 mm

RECHTS Georg Ehrets Skizzen sind wundervolle Beispiele für seine Arbeitsweise und zeigen seine hervorragenden botanischen Kenntnisse. Ehret zeichnete viele der Aloen, die im Chelsea Physic Garden wuchsen. Manche davon wurden 1737 publiziert. Diese hier ist in der Kapregion Südafrikas heimisch.

GEGENÜBER In der Legende zu dieser Zeichnung erklärt Ehret, die Pflanze, gezogen in Chelsea, habe 1738 und dann wieder 1745 geblüht.

GEORG EHRET
Aloe, *Aloe succotrina*
Aquarell und Tinte, ca. 1736
565 x 416 mm

GEORG EHRET
Sandbüchsenbaum, *Hura crepitans*
Aquarell und Tinte, ca. 1749
555 x 432 mm

164
6
a. Julus coni formâ e pediculo suo pendens consitus Squamulis quarum extrema eleganter rubent.
b Idem longitudinaliter dissectus, ut apices appareant.
c Squama una separata, conspecta per Microscopium!
d Cuticula reflexa, introrsum cava & situs staminum per lentem visus.
e. Stamina vel potius apices naturali magnitudine.
f. Eadem exterius visa per Microscopium
g. ut interius apparent.
h. Apex oculo nudo visus.
J. Idem per lentem auctus
a. Ramus florens.
b. Folium naturali magnitudine
c. Jula.
d. Stygma cum vagina, Calyx et pedunculus, in situ naturali.
e. eademque longitudinaliter dissecta.
f. Stygma à tergo visum.
g. pedunculus cum Calyce.
h. Germen cum Pistillo.
J. Pedunculus & Calyx Germine remoto, longitudinaliter dissecta
k. locus fructificationis
l. Fructus immaturus horizontaliter dissectus.
m. Idem longitudinaliter dissectus.
n. Fructus maturus.
o. Capsula seminalis
p. Capsulæ pars superior.
q. pars inferior.
r. Semen.
ſ. Idem transversaliter dissectum.
Floruit in Horto Chelseyano Mense Novembri 1738.
Georgius Dionysius Ehret. observavit et delineavit
Hura; Americana Abutili folio. H.L.

GEGENÜBER Die Königs-Protea ist in Südafrika weit verbreitet und die Nationalpflanze des Landes. Ihr artischockenähnlicher Blütenstand ist der größte von allen Silberbaumgewächsen. Diese Zeichnung wurde in den Gärten von Kew erstellt. Die Blume musste wohl von einem der Sammler der Gärten wie z.B. Francis Masson dorthin eingeführt worden sein.

RECHTS Während Franz Bauer es meisterhaft verstand, akkurate Zeichnungen von Pflanzenteilen zu produzieren, wie sie sich durch ein Mikroskop darstellen, war er auch in der Lage, verblüffende Darstellungen einzelner Blumen zu schaffen.

FRANZ BAUER
Königs-Protea,
Protea cynaroides
Aquarell, ca. 1800
523 x 370 mm

FRANZ BAUER
Hippeastrum-Art
Aquarell, ca. 1804
520 x 356 mm

RECHTS Die Paradiesvogelblume stammt aus Südafrika und wurde erstmals 1773 in den Royal Botanic Gardens in Kew gezogen. Sir Joseph Banks benannte die Pflanze zu Ehren von Königin Charlotte, Prinzessin von Mecklenburg-Strelitz.

FRANZ BAUER
Paradiesvogelblume,
Strelitzia reginae
Aquarell, 1818
527 x 395 mm

Manihot Theveti,
Juca & Cassavi. I.B.2.794.
Plum. 178.

GEGENÜBER Claude Aubriet war einer der frühesten Naturmaler, die im Jardin du Roi in Paris angestellt waren. Wie jene, die in seine Fußstapfen traten, liebte es Aubriet, seine Zeichnungen auf Pergament auszuführen und so die wundervolle Leuchtkraft zu schaffen, welche aus der Benutzung dieses Mediums resultiert.

CLAUDE AUBRIET
Cassava, *Manihot esculenta*
Wasser- und Deckfarbe auf Pergament, frühe 1700er Jahre
423 x 303 mm

OBEN LINKS UND RECHTS Gerard von Spaendonck lehrte Blumenmalerei am Jardin du Roi in Paris und unterrichtete dort Pierre-Joseph Redouté, bekannt als der „Raphael der Blumen". Spaendonck war ein Meister des künstlerischen Ausdrucks auf Pergament und gab seine Expertise an seinen Schüler weiter.

GERARD VAN SPAENDONCK
Kanarische Kapuzinerkresse, *Tropaeolum peregrinum*
Pithecellobium circinale
Beide Aquarell
Beide 455 x 285 mm

50

GEGENÜBER UND LINKS

Sarah Stones Aquarelle von Vögeln aus der ganzen Welt waren Teil der Sammlung von Sir Ashton Lever. Die Bilder wurden von den 1780er Jahren an gemacht und waren wichtige wissenschaftliche Zeugnisse von damals oft unbekannten Vögeln, abgesehen davon, dass sie exquisite Kunstwerke darstellen. Stone malte viele exotische Vögel, die von Reisenden und Sammlern oder von Expeditionen wie James Cooks Reise auf der *Endeavour* mit nach England gebracht wurden. Der Goldfasan ist in Westchina heimisch.

SARAH STONE
Grauer Pfaufasan,
Polyplectron bicalcaratum
Aquarell, ca. 1785
562 x 450 mm

SARAH STONE
Goldfasan,
Chrysolophus pictus
Aquarell, 1788
531 x 436 mm

LINKS William Hamilton verbrachte viele Jahre in Neapel und verfolgte dort die Aktivität des Vesuv. Er teilte seine Beobachtungen der Royal Society mit und publizierte bei seiner Rückkehr nach England ein Werk über das Thema, welches eine umfangreiche Zusammenstellung von Aquarellen beinhaltete. Hamilton beschäftigte Peter Fabris als den Künstler, der die Aufgabe hatte, seine schriftlichen Beschreibungen in ein bildliches Medium zu übersetzen.

GEGENÜBER William Smith produzierte erstaunliche, bahnbrechende geologische Karten, in denen jede geologische Erscheinungsform durch eine eigene Farbe gekennzeichnet ist. Insgesamt 20 verschiedene Tinten wurden bei der Erstellung der Karte verwendet.

PETER FABRIS
Ansichten des Vesuv-Gipfels
Wasser- und Deckfarbe, 1776
450 x 320 mm

WILLIAM SMITH
Geologische Karte von England, Wales
und Teilen von Schottland
Handkolorierter Kupferstich, 1815

BEDFORD LEVEL
ISLE OF ELY
PETERBOROUGH
HUNTINGDON
CAMBRIDGE
VALE of BEDFORD
NEW MARKET HEATH
BRANDON HEATH
SUFFOLK SANDS
NORFOLK
WOODLANDS or HIGH SUFFOLK
SUFFOLK EAST SANDS
BURY EDMUNDS
GOGMAGOG HILLS
ROYSTON DOWNS
DUNSTABLE or LUTON DOWNS
THE RODINGS
CHELMSFORD
ESSEX
HUNDREDS
BLACKWATER
STOUR R.
Harwich
MOUTH of the THAMES
SHEPPY
ROCHESTER
CANTERBURY
KENT
KENT CHALK HILLS
CHALK HILLS of SURRY
EPSOM DOWNS
GUILDFORD
THE DOWNS
MEREWORTH WOODS
WEALDS of KENT
TILGATE FOREST
ASHDOWN FOREST
FOREST RIDGE
WEALDS of SUSSEX
ROMNEY MARSH
DENGE NESS
STRAITS of DOVER
SUSSEX CHALK HILLS
SOUTH DOWNS
PEVENSEY LEVEL
BEACHY HEAD
CALAIS
BOULOGNE
Southwold
Margate
Ramsgate
Deal

LINKS Der Kaptölpel ist am Nordatlantik heimisch. Die größten Kolonien brüten entlang der britischen Küste und besonders in Schottland, MacGillivray muss also von einem frühen Alter an mit diesem Vogel vertraut gewesen sein. Dieser Tölpel ist wie bei all seinen Vogelbildnissen in Lebensgröße gehalten.

WILLIAM MACGILLIVRAY
Kaptölpel, *Sula capensis*
Aquarell, ca. 1835
540 x 754 mm

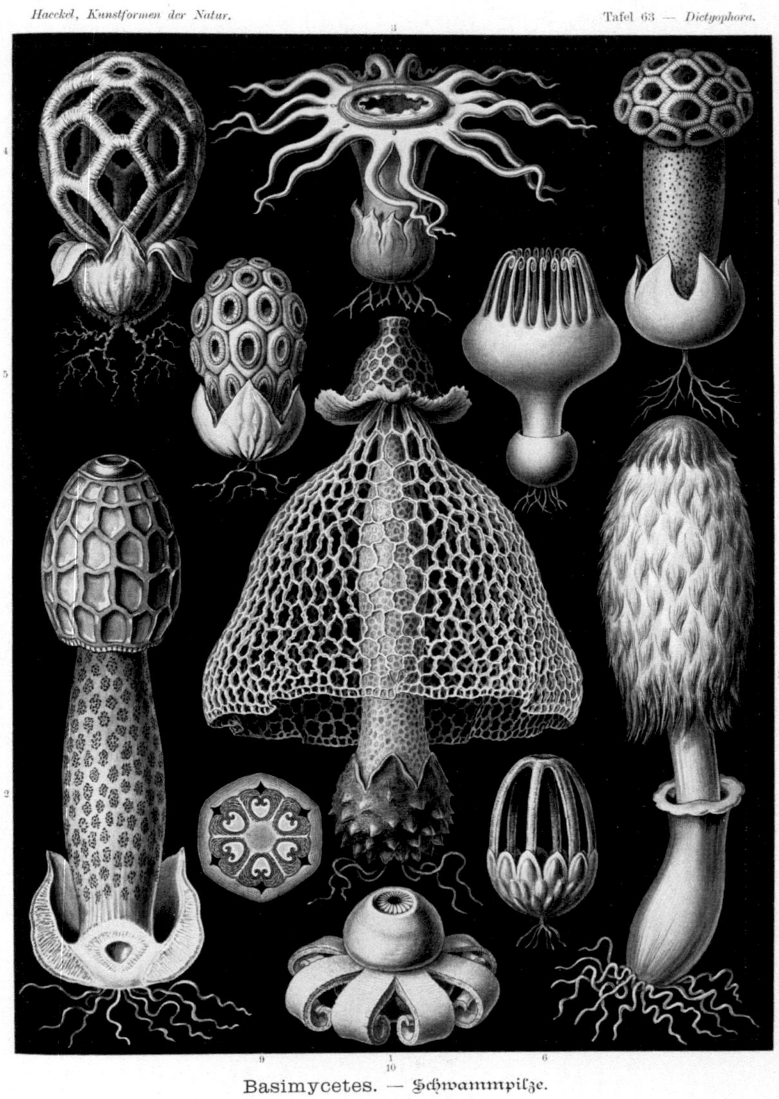

LINKS UND GEGENÜBER

Basidiomycota (Ständerpilze, links) bilden eine große Abteilung innerhalb des Unterreichs der Pilze und werden oft als fadenförmige Pilze beschrieben. Bei den Blastoidea (gegenüber) handelt es sich um Fossilien einer Art von „stieligen" Stachelhäutern, einer ausgestorbenen Form der Seesterne. Haeckel war geradezu besessen vom Prinzip der Form in der Natur und arrangierte seine Motive auf einer einzelnen Seite, um die Symmetrie und Geometrie eines jeden Organismus zu demonstrieren.

ERNST HAECKEL
Meeresprotozoen,
Acanthophracta radiolaria
Basidiomycota
Kunstformen der Natur,
1899–1904
Kolorierte Lithographie
355 x 263 mm

ERNST HAECKEL
Stachelhäuter (Echinoderm),
Cystoidea-Art
Kunstformen der Natur,
1899–1904
Lithographie
355 x 263 mm

GEGENÜBER UND LINKS

Arthur Harry Churchs brillante Aquarelle von Pflanzen mit begleitenden detaillierten Schwarz-Weiß-Schaubildern gelten in ihrer Herangehensweise an die Untersuchung von Blumen als revolutionär. Churchs Zeichnungen sollten sein botanisches Werk *Types of Floral Mechanism* illustrieren, von dem nur der erste Teil publiziert wurde, und zwar im Jahr 1908.

ARTHUR HARRY CHURCH
Gemeine Akelei,
Aquilegia vulgaris
Wasser- und Deckfarbe,
1903
316 x 192 mm

ARTHUR HARRY CHURCH
Gemeine Akelei,
Aquilegia vulgaris
Tinte, 1903
316 x 192 mm

GEGENÜBER *Der Tempel der Flora* war als Hommage an den schwedischen Botaniker Carl von Linné gedacht. Robert Thornton behauptete, die „herausragendsten britischen Künstler" seien für die Schaffung der Tafeln beschäftigt worden. Die eigentlichen Künstler jedoch waren die – ein Dutzend oder mehr – Aquatinta- oder Mezzotinta-Radierer, die er engagiert hatte. Diese Kunsthandwerker kombinierten ihre Technik mit dem Punktierstich, einer Methode, die den Farbdruck ermöglichte. Die Tafeln wurden sodann von Hand fertiggestellt.

RECHTS Redouté ist der berühmteste Blumenmaler, der aus dem Jardin des Plantes in Paris hervorging. Er produzierte exquisite Tafeln für eine ganze Reihe von botanischen Arbeiten, aber seine bekannteste ist vielleicht *Les Roses*, drei Bände, die 1817–1824 erschienen. Redouté war überdies für die Einführung der Technik des Punktierstichs nach Frankreich verantwortlich, bei der Hell- und Dunkeltöne durch eine Vielzahl an winzigen Punkten erzeugt werden und die er von Francesco Bartolozzi gelernt hatte, als er England besuchte.

ROBERT THORNTON
Land-Nelke, *Dianthus*-Art
Temple of Flora, 1799–1807
Handkolorierter Stich
570 x 450 mm

PIERRE-JOSEPH REDOUTÉ
Rose, *Rosa*-Art
Les Roses, 1817–1824
Kolorierter Stich
535 x 340 mm

RECHTS UND GEGENÜBER

Als brillanter Vogelmaler der ersten Hälfte des 19. Jhs. war Edward Lear gesucht, wenn es darum ging, Illustrationen für verschiedene Publikationen herzustellen. 1832 produzierte er seinen eigenen Band mit Papageien, *Illustrations of the Family of the Psittacidae*, für welchen er nicht nur die Originalaquarelle herstellte, sondern auch die Lithographien für das fertige Werk. Lear trug auch zu Sir William Jardines *Naturalist's Library* bei. Die Krontaube gegenüber ist ein Beispiel hierfür.

EDWARD LEAR
Großer Alexandersittich,
Psittacula eupatria
Illustrations of the Family of Psittacidae, 1832
Handkolorierte Lithographie
555 x 365 mm

EDWARD LEAR
Krontaube, *Goura cristata*
Aquarell, 1834
162 x 117 mm

E. Lear.
del. Aug
1834
205
30

RECHTS John Keulemans malte fast ausschließlich Vögel. Er lieferte Illustrationen für mehrere Zeitschriften und Magazine wie den *Ibis* und die *Proceedings of the Zoological Society*. Er trug zu zahlreichen Büchern bei, die Ende des 19. und Anfang des 20. Jhs. publiziert wurden, darunter Walter Rothschilds *Extinct Birds* im Jahr 1907. Dieser Hopfstar ist ein Beispiel für einen der ausgestorbenen Vögel in Rothschilds Werk.

JOHN KEULEMANS
Hopfstar, *Fregilupus varius*
Wasser- und Deckfarbe,
ca. 1900
380 x 274 mm

LINKS Dieser farbenfrohe Mandrill wurde von Keulemans während mehrerer Besuche im Londoner Zoo gemalt, wo er auch andere (Menschen-)Affen malte.

JOHN KEULEMANS
Mandrill, *Mandrillus sphinx*
Wasser- und Deckfarbe
1907
516 x 410 mm

JW Frohawk
20·X·1902

LINKS Wie sein Künstlerkollege John Keulemans verbrachte Frederick Frohawk Zeit im Londoner Zoo mit dem Zeichnen von dort lebenden Tieren und Vögeln. Dieser Ameisenbär wurde 1902 gemalt und 1909 in Rothschilds *Novitates Zoologicae* veröffentlicht.

OBEN Henrik Gronveld war ein weiterer europäischer Künstler des späteren 19. Jhs., der nach England zog und für Lord Lionel Rothschild malte. Er besorgte auch die Illustrationen für viele bekannte über Vögel schreibende Autoren und deren Publikationen.

FREDERICK FROHAWK
Südamerikanischer Nasenbär,
Nasua nasua vittata
Aquarell, 1902
205 x 303 mm

HENRIK GRONVOLD
Olivenibis
Bostrychia olivacea
Aquarell, ca. 1910
337 x 245 mm

RECHTS Archibald Thorburn brachte für seine Arbeit über britische Säugetiere verschiedene Aquarelle von Walen hervor, darunter dieses von einem Finnwal und einem Blauwal.

ARCHIBALD THORBURN
Finnwal und Blauwal,
Balaenoptera physalus und
Balaenoptera musculus
Aquarell, 1920
409 x 561 mm

Pl. 43.

Heliconia caribaea. ♂ Eulampis jugularis

GEGENÜBER UND LINKS

Diese beiden Stiche sind erstaunliche Beispiele für die Wechselbeziehungen zwischen Pflanzen und Tieren, wie man sie in der Natur vorfindet. Der Granatkolibri ist sexuell dimorph. Das Männchen ist größer mit einem kurzen, geraden Schnabel; das Weibchen hat einen kleineren Körper mit einem langen, gebogenen Schnabel. So kommt es, dass eine einzige Vogelart zwei verschiedene Arten von Helikonien (Hummerscheren) bestäubt, welche unterschiedlich geformte Blüten besitzen.

BRYAN POOLE
Granatkolibri, *Eulampis jugularis*
Helikonie, *Heliconia caribaea*
Aquatinta-Radierung, 2008
555 x 420 mm

BRYAN POOLE
Granatkolibri, *Eulampis jugularis*
Helikonie, *Heliconia bihai*
Aquatinta-Radierung, 2008
555 x 420 mm

ANMERKUNGEN

Einleitung

1. George Edwards, *Gleanings of Natural History*, Bd.1, 1758, x.
2. Alexander Wilson, *American Ornithology*, Bd. 5, 1812, vi.
3. William Bartram, *Travels*, 427.
4. Alexander von Humboldt, *Reisetagebuch*, Bogotá (Kolumbien), 4. August 1801.
5. Joseph Dalton Hooker, *Himalayan Journals*, 1854, vii.

Amerika

1. Thomas Jefferson, *Notes on the State of Virginia*, 1785.
2. William Baldwin an William Darlington, 20.8.1817, in: Darlington, *Reliquiae Baldwinianae*.
3. Alexander Wilson, *To the lovers of Natural history*, 6.4.1807, Proposal for publishing by subscription … *American Ornithology*.
4. Alexander Wilson an Alexander Lawson, 4.4.1810, in: Ord, *Life of Wilson*, lxxx.

Australasien

1 *The Journals of Captain James Cook* (hrsg. v. Beaglehole), 1955, 1, cclxxxi.
2 *The Journals of Captain James Cook* (hrsg. v. Beaglehole), 1955, 1. cclxxxii–cclxxxiii.
3 John Ellis an Carl von Linné, in: *Correspondence of Linnaeus*, hrsg. v. J.E. Smith, 1821, 1, 230.
4 George Mackaness, *Letters from an Exile at Botany Bay, to His Aunt in Dumfries*, 1945, 11.
5 Johann Wolfgang von Goethe, 1817, in: *Ueber Kunst und Alterthum*, Stuttgart, Cotta'sche Verlagsbuchhandlung, 1818, I-3, 89.
6 David Mabberley, *Ferdinand Bauer: The Nature of Discovery*, 1999, 72.

Asien

1 Ray Desmond, *The European Discovery of the Indian Flora*, 1992, 151.
2 Ann Datta & Carol Inskipp, „Zoology Amuses Me Much", in: *The Origins of Himalayan Studies*, 2004, 137.

Afrika

1 Homer Rutherford, *Sir Joseph Banks and the Exploration of Africa, 1788 to 1820*, 1952, 19.
2 Georg Forster, *A Voyage round the World*, 1777, 1–2.
3 William Harris, *Wild Sports of Southern Africa*, 1839, xviii.
4 William Harris, *Wild Sports of Southern Africa*, 1839, xix.

Europa

1 David Mabberley, *Arthur Harry Church: The Anatomy of Flowers*, 2000, 7.
2 Robert Thornton, *The Temple of Flora*, Apology to Subscribers, 1807.
3 Jim Endersby, *Imperial Nature: Joseph Hooker and the Practices of Victorian Science*, 2008, 125.

WEITERFÜHRENDE LITERATUR

Bowen, H.V., Lincoln, M. und Rigby, N. (Hrsg.), *The Worlds of the East India Company*. Boydell Press, Woodbridge, Suffolk, 2002.

Desmond, R., *The European Discovery of the Indian Flora*. Oxford University Press, Oxford, 1992.

De Vries-Evans, S., *Conrad Martens: On the Beagle and in Australia*. Pandanus Press, Brisbane, 1993.

Fan, Fa-ti, *British Naturalists in Qing China: Science, Empire and Cultural Encounter*. Harvard University Press, Cambridge, Massachusetts, 2004.

Gilbert, P., *John Abbot: Birds, Butterflies and Other Wonders*. Merrell Holberton, London, 1998.

Harris, W. Cornwallis, *The Wild Sports of Southern Africa*. John Murray, London, 1839.

Humboldt, A. von, *Reise in die Äquinoktial-Gegenden des Neuen Kontinents*, hrsg. v. O. Ette. Insel, Frankfurt a.M./Leipzig, 1999.

Keynes, S., (Hrsg.), *Ethiopian Encounters: Sir William Cornwallis Harris and the British Mission to the Kingdom of Shewa (1841–43), Catalogue of Exhibition at The Fitzwilliam Museum*. The Fitzwilliam Museum, Cambridge, 2007.

Kemp, A.C., *Claude Gibney Finch-Davies 1875–1920: Observer, Student and Highly Skilled Illustrator of Southern African Birds*. Pretoria, 1976.

Lambourne, M., *John Gould – Bird Man*. Osberton Productions, Milton Keynes, 1987.

Mabberley, D., *Arthur Harry Church: The Anatomy of Flowers*. Merrell Holberton, London, 2000.

Mabberley, D., *Bauer: The Nature of Discovery*. Merrell Holberton, London, 1999.

Magee, J., *The Art & Science of William Bartram*. Pennsylvania State University Press, University Park, PA, 2007.

Stevenson, M. (Hrsg.), *Thomas Baines: An Artist in the Service of Science in South Africa, Accompanying the Exhibition Held at Christie's, King Street, London 1–17 Sept 1999*. Christie's International, Media Division, London, 1999.

Waterhouse, D.M. (Hrsg.), *The Origins of Himalayan Studies: Brian Houghton Hodgson in Nepal and Darjeeling 1820–1858.* RoutledgeCurzon, London, 2004.

BIOGRAPHISCHE ANGABEN

Geographische Angaben beziehen sich auf den Geburtsort. FRS = Fellow of the Royal Society

Abbot, John 1751–1840
London, England
Sammler und Künstler, ließ sich in Georgia nieder.

Aldrovandi, Ulisse 1522–1605
Bologna, Italien
Sammler und Naturforscher, Gründer des Botanischen Gartens der Universität Bologna.

Atkins, Anna 1799–1871
Tonbridge, Kent, England
Botanikerin und Pionierin der Photographie.

Aubriet, Claude 1665–1742
Chalon-sur-Marne, Frankreich
Künstler und Botaniker.

Audubon, John James 1785–1851
Santo Domingo (jetzt Haiti)
Künstler und Ornithologe, ließ sich in den USA nieder.

Baines, Thomas 1820–1875
King's Lynn, Norfolk, England
Künstler und Forschungsreisender, ließ sich in Südafrika nieder.

Banks, Joseph FRS 1743–1820
London, England
Naturforscher und 41 Jahre lang Präsident der Royal Society of London, begleitete James Cook 1768–1771 auf der HMS *Endeavour*.

Bartram, William 1739–1823
Kingsessing, Philadelphia, USA
Naturforscher und Künstler, bereiste 1773–1777 den Südosten Nordamerikas.

Baudin, Nicolas 1754–1803
Ile de Ré, Frankreich
Marineoffizier und Entdecker, leitete 1800–1803 die französische Expedition nach Australien.

Bauer, Ferdinand 1760–1826
Feldsberg, Österreich
Künstler bei mehreren Expeditionen, darunter 1801–1803 in Australien.

Bauer, Franz 1758–1840
Feldsberg, Österreich
Botanikmaler der Royal Botanic Gardens, Kew, wo er 50 Jahre blieb.

Bernatz, Johann Martin 1802–1878
Speyer, Deutschland
Offizieller Künstler bei der Expedition nach Shewa, Äthiopien, 1841–1843.

Bonpland, Aimé 1773–1858
La Rochelle, Frankreich
Botaniker und Entdecker, zusammen mit Alexander von Humboldt in Südamerika.

Brunfels, Otto 1488–1534
Mainz, Deutschland
Botaniker, gilt als Vater der deutschen Botanik.

Butterworth, Elizabeth 1949–
Rochdale, England
Vogelmalerin.

Catesby, Mark FRS 1683–1749
Essex, England
Künstler, Naturforscher und Sammler in den amerikanischen Kolonien.

Church, Arthur Harry FRS 1865–1937
Plymouth, England
Wissenschaftler und botanischer Künstler.

Cook, James FRS 1728–1779
Marton, Yorkshire, England
Offizier der Royal Navy, umsegelte auf drei Reisen die Welt.

Cowper, William FRS 1666–1709
Petersfield, Hampshire, England
Arzt und Anatom.

Darwin, Charles FRS 1809–1882
Shrewsbury, England
Wissenschaftler, segelte 1831–1836 auf der HMS *Beagle*.

Dietzsch, Johann Christoph 1710–1769
Nürnberg, Deutschland.
Blumen- und Landschaftsmaler.

Ehret, Georg Dionysius FRS 1708–1770
Heidelberg, Deutschland
Pflanzenzeichner, ließ sich in London nieder.

Finch-Davies, Claude Gibney 1875–1920
Delhi, Indien
Ornithologe und Künstler, diente in Südafrika in der britischen Armee.

Fitch, Walter Hood 1817–1892
Glasgow, Schottland
Botanischer Illustrator und Lithograph, Angestellter der Royal Botanic Gardens, Kew.

Fleming, John FRS 1747–1829
Schottland
Im späten 18. und frühen 19. Jh. Arzt der Ostindienkompanie in Indien.

Flinders, Matthew 1774–1814
Donnington, Boston, Lincolnshire
Kapitän der HMS *Investigator* bei der britischen Expedition nach Australien 1801–1803.

118
Sphex – Linn
Ammophila Kirby – Linn: Tr: 4th V. p.205
Book F page 23
1
2
3
April 26th: 1822
page 23
26.119
B.M.

Forster, Georg 1754–1794
Nassenhuben, Preußen
Künstler und assistierender Naturforscher auf der HMS *Resolution* bei James Cooks zweiter Reise.

Forster, Johann 1729–1798
Dirschau, Preußen
Naturforscher auf James Cooks zweiter Reise auf der HMS *Resolution*; Vater von Georg Forster.

Fountaine, Margaret Elizabeth 1862–1940
Norfolk, England
Entomologin und Künstlerin, sammelte rund um die Welt Schmetterlinge.

Fuchs, Leonhard 1501–1566
Wemding, Deutschland
Arzt und Botaniker.

Gesner, Konrad 1516–1565
Zürich, Schweiz
Naturforscher.

Gould, John FRS 1804–1881
Lyme Regis, England
Ornithologe und Künstler.

Gronvold, Henrik 1858–1940
Præstø, Dänemark
Naturkunde- und Vogelmaler.

Haeckel, Ernst 1834–1919
Potsdam, Preußen
Wissenschaftler und Künstler, spezialisierte sich auf Meeresorganismen.

Hardwicke, Thomas FRS 1756–1835
Wahrscheinlich Cambridgeshire, England
Sammler von naturkundlichen Exemplaren und Kunstwerken aus Asien.

Harris, William Cornwallis 1807–1848
Getauft in Kent, England
Armeeoffizier in der Ostindienkompanie, bereiste Südafrika und leitete 1841–1843 die Expedition nach Shewa, Äthiopien.

Hamilton, William 1730–1803
London, England
Kunstsammler und Diplomat, studierte in Neapel Vulkanologie.

Havel, Robert 1793–1878
Reading, England
Künstler und Drucker, stellte mit seinem Vater Audubons *Birds of America* her.

Hernández, Francisco 1517–1587
Toledo, Spanien
Arzt und Naturforscher, führte die erste wissenschaftliche Erkundung der Neuen Welt an.

Hoch, Johann Gustav 1716–1779
Reutlingen, Deutschland
Porträt-, Landschafts- und Naturkundemaler.

Hodgson, Brian Houghton FRS 1801–1894
Cheshire, England
Naturforscher, Sammler und Ethnograph, Beamter der Ostindienkompanie in Nordindien und Nepal.

Hooke, Robert FRS 1635–1703
Isle of Wight, England
Wissenschaftler, Pionier bei Mikroskopuntersuchungen.

Hooker, Joseph Dalton FRS 1817–1911
Suffolk, England
Botaniker und Direktor der Royal Botanic Gardens, Kew, reiste 1847–1849 durch Nordindien.

Humboldt, Alexander von 1769–1859
Potsdam, Preußen
Wissenschaftler und Naturforscher, reiste 1799–1804 durch Südamerika.

Huysum, Maria van *bl.* 1750er
Amsterdam, Holland
Künstlerin.

Keulemans, John Gerrard 1842–1912
Rotterdam, Holland
Vogelmaler, ließ sich in London nieder.

Lear, Edward 1812–1888
London, England
Künstler, Naturforscher und Schriftsteller.

Lesueur, Charles Alexander 1778–1846
Le Havre, Frankreich
Naturforscher und Künstler, segelte 1800–1803 auf Baudins Expedition nach Australien mit.

MacGillivray, William 1796–1852
Old Aberdeen, Schottland
Ornithologe, Naturforscher und Künstler.

Makrushenko, Olga
Moskau, UdSSR
Naturkunde-Künstlerin.

Martens, Conrad 1801–1878
London, England
Künstler, reiste auf der HMS *Beagle* mit und ließ sich in Australien nieder.

Masson, Francis 1741–1805
Aberdeen, Schottland
Pflanzensammler und Künstler.

Mee, Margaret 1909–1988
Chesham, England
Botanische Künstlerin, im Amazonas und im brasilianischen Regenwald tätig.

Merian, Maria Sibylla 1647–1717
Frankfurt, Deutschland
Künstlerin und Entomologin, reiste nach Surinam.

Mutis, José Celestino 1732–1808
Cádiz, Spanien
Leitete die botanische Expedition in Südamerika, die 25 Jahre dauerte.

Nodder, Frederick Polydore *bl.* 1767–1800
Möglicherweise Deutschland
Naturgeschichtsillustrator.

Orta, Garcia de 1501–1568
Castelo de Vide, Portugal
Arzt und Botaniker, ließ sich in Goa, Indien, nieder.

Parkinson, Sydney 1745–1771
Edinburgh, Schottland
Naturgeschichtsmaler auf der Fahrt der HMS *Endeavour*.

Parsons, James FRS 1705–1770
Barnstaple, England
Arzt und Künstler.

Poole, Bryan
Neuseeland
Botanischer Künstler und Grafiker, lebt in London.

Maler von Port Jackson *bl.* 1790er
Ein oder mehrere Künstler der First Fleet.

Raper, George 1769–1797
London, England
Marineoffizier und Künstler, segelte 1778–1792 mit der First Fleet.

Redouté, Pierre-Joseph 1759–1840
Saint-Hubert, Belgien
Blumenmaler am Jardin du Roi, Paris.

Reeves, John FRS 1774–1856
Essex, England
Teeinspektor der Ostindienkompanie in China, wo er naturkundliche Exemplare und Kunstwerke sammelte.

Rothschild, Lionel Walter FRS 1868–1937
London, England
Zoologe und Förderer von Sammlern und Künstlern.

Roxburgh, William 1751–1815
Ayrshire, Schottland
Leiter des Calcutta Botanic Garden, gab botanische Kunstwerke asiatischer Pflanzen in Auftrag.

Royle, John Forbes FRS 1798–1858
Cawnpore, Indien
Arzt und Naturforscher, diente für die Ostindienkompanie im Saharunpore Garden.

Russell, Patrick FRS 1727–1805
Edinburgh, Schottland
Arzt und Naturforscher, diente für die Ostindienkompanie in Indien.

Schomburgk, Robert FRS 1804–1865
Freyburg, Preußen
Forschungsreisender und Naturforscher; reiste in Britisch-Guayana.

Smith, William 1769–1839
Oxfordshire, England
Geologe und Kartograph.

Solander, Daniel FRS 1733–1782
Norrland, Schweden
Naturforscher, Schüler Linnés und Assistent von Joseph Banks auf der HMS *Endeavour*.

Spaendonck, Gerard van 1746–1822
Tilburg, Holland
Botanikmaler.

Stone, Sarah ca. 1760–1844
Geburtsort unbekannt, lebte als Erwachsene in London
Naturgeschichtsillustratorin.

Talbot, Dorothy 1871–1916
England
Künstlerin und botanische Sammlerin, reiste in Nigeria.

Thorburn, Archibald 1860–1935
Edinburgh, Schottland
Naturgeschichtsmaler, spezialisierte sich auf Vögel.

Tonge, Olivia 1858–1949
Glamorgan, Wales
Künstlerin, bereiste Indien.

Tyson, Edward 1650–1708
Somerset, England
Wissenschaftler, gilt als Vater der britischen komparativen Anatomie.

Wallace, Alfred Russel FRS 1823–1913
Usk, Monmouthshire, Wales
Naturforscher und Sammler, bereiste Südamerika und den Malaiischen Archipel.

Wallich, Nathaniel FRS 1786–1854
Kopenhagen, Dänemark
Arzt und Botaniker in Indien.

Watling, Thomas 1762–unbekannt
Dumfries, Scotland
Künstler, wurde 1791 als Strafgefangener nach Australien in die Kolonie Port Jackson gebracht.

Webber, John 1751–1793
London, England
Offizieller Künstler auf Cooks dritter und letzter Reise, 1776–1780.

White, John ca. 1540 – ca. 1593
England
Künstler, reiste 1585 mit Richard Grenville nach Roanoke.

Wilson, Alexander 1766–1813
Paisley, Schottland
Ornithologe und Vogelmaler, ließ sich in den USA nieder.

Wolf, Joseph 1820–1899
Münstermaifeld, Deutschland
Tierwelt-Illustrator und Künstler.

Young, William 1742–1785
Kassel, Deutschland
Pflanzensammler in den amerikanischen Kolonien, 1763 zum Queen's Botanist ernannt.

REGISTER

Kursive Seitenzahlen verweisen auf die Bildtitel der Tafeln.

JOHN REEVES COLLECTION
Rotschnabelkitta,
Urocissa erythrorhyncha
Aquarell, ca. 1820er
445 x 385 mm

DANKSAGUNG

Mein aufrichtiger Dank gebührt dem Publikationsteam des Natural History Museum, das den gesamten Veröffentlichungsprozess so glatt und schmerzlos wie möglich gestaltet hat. Besonders hervorzuheben ist der Grafikdesigner David Mackintosh, dessen exzellente Arbeit hier für alle zu sehen ist. Des Weiteren möchte ich den MitarbeiterInnen des Natural History Museum danken: Lisa di Tommaso, Sam Gare, Natalie Pope, Armando Mendez und Andrea Hart von der Bibliothek für ihre unermüdliche Arbeit beim Ausfindigmachen der Kunstwerke, Pat Hart von der Photographie-Abteilung für die Produktion der Abbildungen sowie den wissenschaftlichen MitarbeiterInnen der Abteilungen für Botanik und Zoologie für ihre Hilfe bei der Bestimmung der Arten. Außerdem danke ich Mike Schlesinger, Chris Mills und Celia Coyne für ihre Korrekturen am Manuskript und ihre Anregungen.

 Kapitelanfänge – Die Abbildungen auf diesen Seiten sind die folgenden: S. 15 JOHN ABBOT (oben) *Libellula*-Art, Libelle, Aquarell, 1792, 226 x 161 mm; (unten) JOHN ABBOT, *Libellula*-Art, Libelle, Aquarell, 1792, 163 x 200 mm; S. 69 MALER VON PORT JACKSON, Zylinderputzer, *Callistemon*, Aquarell, ca. 1788–1797, 306 x 154 mm; S. 115 PATRICK RUSSELL, Brillenschlange, *Naja naja*, *An account of Indian Serpents collected on the coast of Coromandel*, 1796, handkolorierter Kupferstich; S. 163 CLAUDE FINCH-DAVIES, Rosaflamingo, *Phoeniconaias ruber*, Aquarell, 1918, 255 x 180 mm; S. 199 ERNST HAECKEL, (im Uhrzeigersinn von oben rechts) Blastoidea, Cystoidea, Blastoidea, Blastoidea, Blastoidea, *Kunstformen der Natur*, Lithographie, 1899–1904, 355 x 260 mm.